21世纪高等学校系列教材 | 计算机应用

信息技术实训指导

（微课视频版）

刘　颜　刘世勇　主　编
陈天齐　王小娟　黄亚男　副主编
李金霖　伍云筑　金培勋　参　编
安虹洁　李岱玫　谭桂林

清华大学出版社
北　京

内容简介

本书在多年教学实践的基础上编写而成。全书共7个实验，主要内容包括计算机基础操作与中英文录入、Window 10操作系统 ，Word 2016文字处理软件、Excel 2016电子表格软件、Power Point 2016演示文稿软件、计算机网络安全、多媒体技术。全书结构合理、内容通俗易懂，结合生动的操作案例，配合微课视频，实用性强。本书既可作为高等职业院校计算机基础课程的实验教材，又可供计算机相关专业从业人员参考。

图书在版编目(CIP)数据

信息技术实训指导：微课视频版/刘颜，刘世勇主编. —北京：清华大学出版社，2022.9
21世纪高等学校系列教材.计算机应用
ISBN 978-7-302-61793-8

Ⅰ.①信… Ⅱ.①刘… ②刘… Ⅲ.①电子计算机－高等学校－教学参考资料 Ⅳ.①TP3

中国版本图书馆CIP数据核字(2022)第164880号

责任编辑：贾　斌
封面设计：傅瑞学
责任校对：韩天竹
责任印制：丛怀宇

出版发行：清华大学出版社
网　　址：http://www.tup.com.cn，http://www.wqbook.com
地　　址：北京清华大学学研大厦A座　　**邮　　编**：100084
社 总 机：010-83470000　　**邮　　购**：010-62786544
投稿与读者服务：010-62776969，c-service@tup.tsinghua.edu.cn
质量反馈：010-62772015，zhiliang@tup.tsinghua.edu.cn
课件下载：http://www.tup.com.cn，010-83470236
印 装 者：天津鑫丰华印务有限公司
经　　销：全国新华书店
开　　本：185mm×260mm　　**印　　张**：9.75　　**字　　数**：236千字
版　　次：2022年9月第1版　　**印　　次**：2022年9月第1次印刷
印　　数：1～7500
定　　价：35.00元

产品编号：098958-01

本书是面向高等职业院校学生的信息技术实训指导书，遵照教育部制定的《关于进一步加强高等学校计算机基础教学的意见暨计算机基础课程教学基本要求（试行）》和《高等学校非计算机专业计算机基础课程教学基本要求》，结合计算机的最新发展技术及高职高专计算机基础课程改革的最新动向，并针对高职高专人才培养模式，配合案例和详细的操作过程，使内容通俗易懂、实用性强。

"计算机基础"课程作为高职高专非计算机专业学生的一门必修课程，以培养学生计算机技能、信息化素养、计算思维能力为目标，是后续课程学习的基础。

本书编者长期工作在计算机基础课程教学和教育研究的一线。在编写过程中，编者将长期积累的教学经验和体会融入教材的各个部分，采用情景化案例教学的理念设计课程并组织全书内容。本书有以下特点：

- 循序渐进，分层练习。本书分为实验和实践，前者主要是根据主教材《信息技术基础（微课视频版）》的教学知识点安排的相应实训任务，后者则适当地加深了练习难度以考验学生综合应用的能力，进一步加强学生的操作能力。
- 任务驱动，环环相扣。每个任务都有各自明确的训练任务、目的和步骤，通过任务带动训练进度，检验实训效果。
- 贴合职业教育，任务形式多样。实训具有综合性、代表性和实用性，与学生实际工作相联系，既能在训练中培养操作，又能帮助学生解决以后工作中的实际问题，做到练以致用。

本书由刘颜、刘世勇任主编，陈天齐、王小娟、黄亚男任副主编，李金霖、伍云筑、金培勋、安虹洁、李岱玫、谭桂林任参编。在编写本书过程中，编者参考了很多老师的优秀书籍资料，在此一并表示感谢。

本书的出版得到清华大学出版社的大力支持和指导，在此表示衷心的谢意。

由于编者水平有限，尽管在编写过程中编者做了许多努力，但书中难免存在缺点和疏漏之处，敬请批评指正。

编　者

2022年5月

目　录

实验 1　计算机基础操作与中英文录入

实验 1.1　计算机基础操作

【实验目的】

(1) 能区分计算机的各类设备，能分清计算机的软件、硬件，会正确开关计算机。

(2) 熟悉键盘布局，了解各键位的分布及作用，学会用正确的击键方法操作键盘。

(3) 认识鼠标，学习鼠标的使用方法。

实验项目 1.1.1　计算机的基本组成

【任务描述】

(1) 观察台式计算机内外结构，了解计算机组成。根据图 1-1、图 1-2 和图 1-3，将对应图示编号填写在表 1-1 中。

(2) 观察计算机并思考，将计算机常见的输入、输出设备名称填写在表 1-2 中。

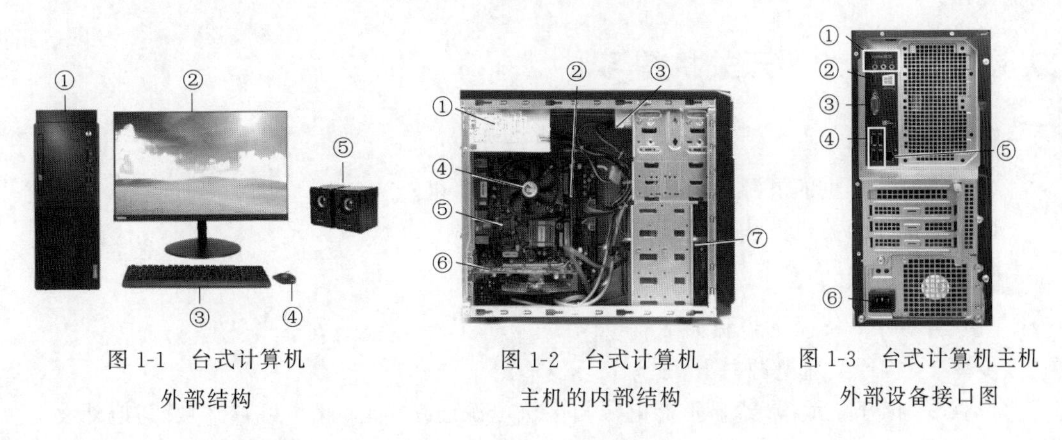

图 1-1　台式计算机外部结构

图 1-2　台式计算机主机的内部结构

图 1-3　台式计算机主机外部设备接口图

表 1-1 计算机设备的硬件结构

设备名称	硬件名称	对应图示编号	设备名称	硬件名称	对应图示编号
台式计算机	主机		台式计算机外部设备接口	音频输入输出接口	
	显示器			集成显卡 VGA 接口	
	键盘			集成显卡 HDMI 接口	
	鼠标			网线接口	
	音频设备			USB 接口	
台式计算机主机	主板			主机电源接口	
	CPU				
	内存条				
	显卡				
	硬盘				
	光驱				
	电源				

表 1-2 计算机常见的输入、输出设备

设 备 名 称	硬 件 名 称
输入设备	
输出设备	

【操作提示】

(1) 台式计算机内外结构及设备接口,可结合表格内的名称以自己熟悉的部件开始逐一按排除法填写。

(2) 输入设备与输出设备的区别在于思考数据和信息的流通方向,传送给计算机进行处理的为输入,将计算机运算结果输出,让用户可见或保存到外存或输送到其他计算机系统的为输出。

实验项目 1.1.2 开关机练习

【任务描述】

(1) 接通计算机的电源,按正确的方法启动计算机。

(2) 按正确的关机方法关闭计算机。

【操作提示】

(1) 启动计算机操作步骤如下。

步骤 1:接通交流电源总开关。

步骤 2:打开显示器(若显示器电源与主机电源连在一起,此步可省略)及其他外设电源(如音箱)。

步骤 3：打开主机电源(按下主机箱上的 POWER 电源按钮)，打开电源开关后系统首先进行硬件自检，稍后屏幕上出现系统登录界面或直接进入界面。

如果用户在系统中设置了登录口令，则在启动过程中将出现口令对话框，用户只有录入正确的口令方可进入系统，如图 1-4 所示 Windows 10 登录界面；如果没有设置口令，系统将直接进入桌面，如图 1-5 所示 Windows 10 桌面。

图 1-4 Windows 10 登录界面

【说明】 计算机系统从休息状态(电源关闭)进入工作状态时进行的启动过程称为“冷启动”。

(2) 关闭计算机操作步骤如下。

使用完计算机后，如果暂时一段时间不用，需要关闭计算机。正确的关机步骤可采用如下两种方法。

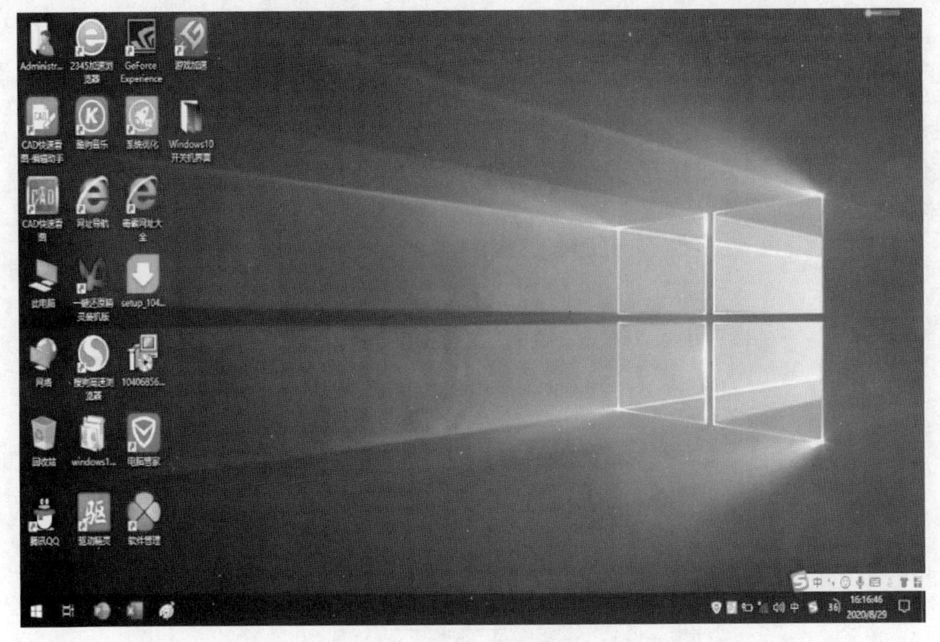

图 1-5 Windows 10 桌面

方法一：

步骤 1：关闭所有正在运行的程序或窗口，方法将在实验 2 中讲解。

步骤 2：单击“开始”菜单→单击“电源”图标，打开如图 1-6 所示的“关机”选项。系统关闭、关机界面如图 1-7 所示。

步骤 3：关闭外设电源。

【说明】 电源按钮的睡眠、重启选项说明如下：

① 睡眠。“睡眠”是一种节能状态，当选择“睡眠”图标后，计算机会立即停止当前操作，将当前运行程序的状态保存在内存中并消耗少量的电能。只要不断电，当再次按下计算机开关时，便可以快速恢复“睡眠”前的工作状态。

② 重启。重启计算机可以关闭当前所有打开的程序以及 Windows 10 操作系统，然后自动重新启动计算机并进入 Windows 10 操作系统。

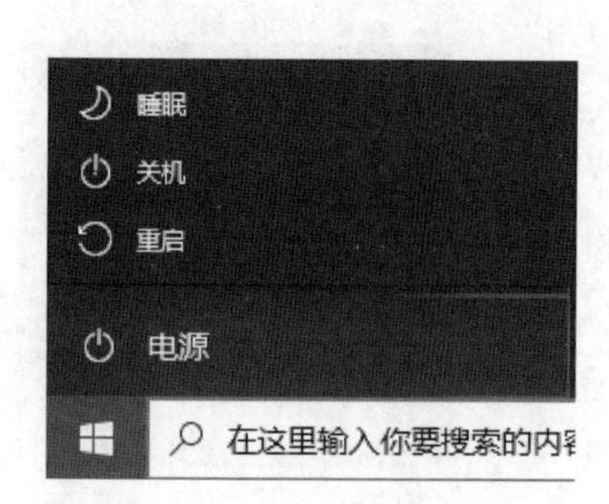

图 1-6 Windows 10"关机"选项

图 1-7 Windows 10 正在关机

方法二：

步骤 1：关闭所有正在运行的程序或窗口，方法将在实验 2 中讲解。

步骤 2：在桌面空白处按下 Alt+F4 组合键，在弹出的"关闭 Windows"对话框中单击"希望计算机做什么"列表框，弹出其下拉列表，如图 1-8 所示，选择所需选项关机，单击"确定"按钮即可完成系统关机操作。

步骤 3：关闭其他外部设备电源。

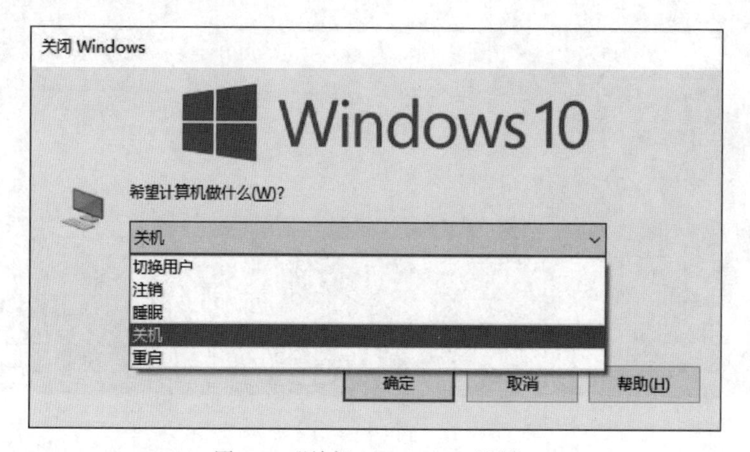

图 1-8 "关闭 Windows"对话框

【说明】 切换用户与注销。

① 切换用户。选择"切换用户"选项后，出现用户登录界面，选择新用户登录。其保持当前用户登录情况下切换到另外一个用户，对系统而言，是同时有两个用户在运行。当切换用户再次返回之前的用户时系统保留原来的状态。

② 注销。选择"注销"选项后，向系统发出退出登录现有用户的请求，自动关闭清空当前用户所有程序及信息，注销后出现用户登录界面，重新选择其他用户登录。操作和"切换用户"的操作类似，但注销再次返回之前的用户时系统不会保留原来的状态。

【注意】 无论是开机还是关机，请务必按照如上正确操作步骤操作。在万不得已的情况下才采用按 POWER 电源按钮强行关闭计算机，强行关机对计算机的损害很大，直接切断交流电源的方法更不可取。

实验项目 1.1.3　“死机”情况的处理

【任务描述】

假设计算机因故障或操作不当，正处于“死机”状态，请给出合理的解决方案来重新启动计算机，并进行实践操作。

【操作提示】

出现“死机”情况时，须按以下步骤实现计算机重启。

步骤 1：热启动。按 Ctrl＋Alt＋Delete 组合键，系统会自动弹出一个新界面，如图 1-9 所示，提示用户选择哪个操作，包括“锁定”“切换用户”“注销”“更改密码”“任务管理器”，若选择“任务管理器”选项，则打开“任务管理器”窗口，如图 1-10 所示，选择“无响应的应用程序”后单击“结束任务”按钮，或选择无响应的进程后单击“结束进程”按钮，即可结束死机状态。

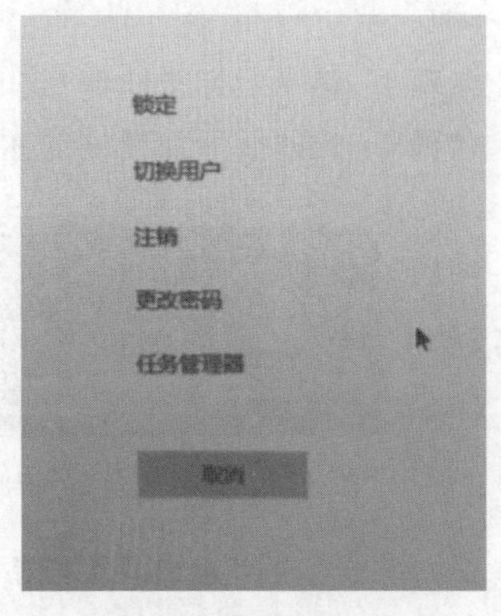

图 1-9　选择“任务管理器”命令

步骤 2：按 RESET 按钮实现复位启动。当采用热启动不起作用时，可按复位按钮 RESET 进行启动，按下此按钮后立即释放，就完成了复位启动。这种复位启动也称为“热启动”。

步骤 3：强行关机后再重新启动计算机。如果使用前两种方法都不行，就直接长按 POWER 电源按钮直到显示器黑屏，然后释放电源按钮，稍等片刻后再次按下 POWER 按钮启动计算机即可。这种启动属于“冷启动”。

任务管理器

文件(F)　选项(O)　查看(V)

进程　性能　应用历史记录　启动　用户　详细信息　服务

名称	状态	6% CPU	38% 内存	3% 磁盘	0% 网络	电源使用情况	电源使用情况...
服务主机: WinHTTP Web Prox...		0%	1.3 MB	0 MB/秒	0 Mbps	非常低	
服务主机: Workstation		0%	0.7 MB	0 MB/秒	0 Mbps	非常低	
服务主机: 本地服务(网络受限)		0%	0.7 MB	0 MB/秒	0 Mbps	非常低	
服务主机: 本地服务(网络受限)		0%	2.0 MB	0 MB/秒	0 Mbps	非常低	
服务主机: 本地服务(网络受限)		0%	1.9 MB	0 MB/秒	0 Mbps	非常低	
服务主机: 本地服务(无网络)		0%	1.1 MB	0 MB/秒	0 Mbps	非常低	
服务主机: 本地系统		0%	1.2 MB	0 MB/秒	0 Mbps	非常低	
服务主机: 本地系统(网络受限)		0%	2.0 MB	0 MB/秒	0 Mbps	非常低	
服务主机: 功能访问管理器服务		0%	0.9 MB	0 MB/秒	0 Mbps	非常低	
服务主机: 剪贴板用户服务_284...		0%	2.1 MB	0 MB/秒	0 Mbps	非常低	
服务主机: 连接设备平台服务		0%	2.0 MB	0 MB/秒	0 Mbps	非常低	
服务主机: 连接设备平台用户服...		0%	2.3 MB	0 MB/秒	0 Mbps	非常低	
服务主机: 网络服务		0%	3.1 MB	0 MB/秒	0 Mbps	非常低	
服务主机: 无线电管理服务		0%	0.8 MB	0 MB/秒	0 Mbps	非常低	
服务主机: 显示增强服务		0%	0.6 MB	0 MB/秒	0 Mbps	非常低	
服务主机: 远程过程调用 (2)		0%	5.6 MB	0 MB/秒	0 Mbps	非常低	
控制台窗口主进程		0%	0.4 MB	0 MB/秒	0 Mbps	非常低	
系统中断		0.1%	0 MB	0 MB/秒	0 Mbps	非常低	
桌面窗口管理器		0%	52.4 MB	0 MB/秒	0 Mbps	非常低	

简略信息(D)　　结束任务(E)

图 1-10　“任务管理器”窗口

实验项目 1.1.4　鼠标操作

【任务描述】

练习鼠标的指向、单击、双击、右击和拖动操作。

【操作提示】

(1) 指向：移动鼠标，将鼠标指针移到操作对象上。

(2) 单击：快速按下并释放鼠标左键，一般用于选定一个操作对象。

例如，选定“此电脑”图标的操作。

步骤 1：移动鼠标指针到“此电脑”图标上，如图 1-11 所示。

步骤 2：快速按下并释放鼠标左键，如图 1-12 所示。

图 1-11　鼠标指针指向“此电脑”图标

图 1-12　单击“此电脑”图标

(3) 双击：快速连续两次按下并释放鼠标左键，一般用于打开窗口或启动应用程序。

例如，打开“此电脑”窗口，操作步骤如下。

步骤 1：将鼠标指针移到“此电脑”图标上。

步骤 2：快速连续两次按下并释放鼠标左键，即可打开“此电脑”窗口，如图 1-13 所示。

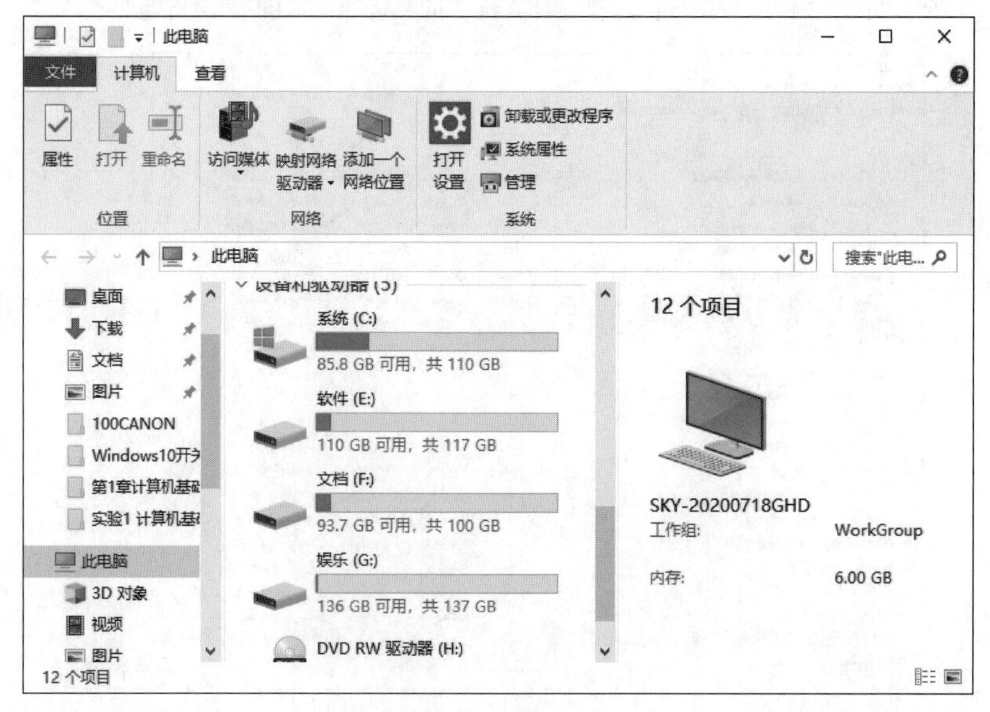

图 1-13　“此电脑”窗口

(4) 右击：快速按下并释放鼠标右键，一般用于打开一个与操作对象相关的快捷菜单。

例如，打开"此电脑"窗口也可采用如下步骤。

步骤1：将鼠标指针指向"此电脑"图标。

步骤2：快速按下并释放鼠标右键，立即弹出快捷菜单，如图1-14所示。

步骤3：选择"打开"命令，立即打开"此电脑"窗口。

【思考】 右击不同的操作对象所弹出的快捷菜单一样吗？请操作练习。

(5) 拖动：按住鼠标左键拖动鼠标到指定位置，再释放按键的操作。拖动一般用于选择多个操作对象以及复制或移动对象等。

例如，选择"此电脑"图标和"回收站"图标，将它们拖移至屏幕中心位置。操作步骤如下。

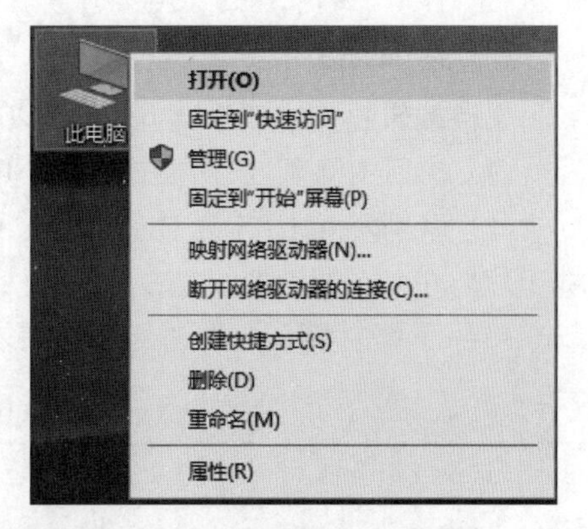

图1-14 "此电脑"的快捷菜单

步骤1：右击桌面空白处，在弹出的快捷菜单中选择"查看"→"自动排列图标"命令，取消"自动排列图标"的选中状态，如图1-15所示。

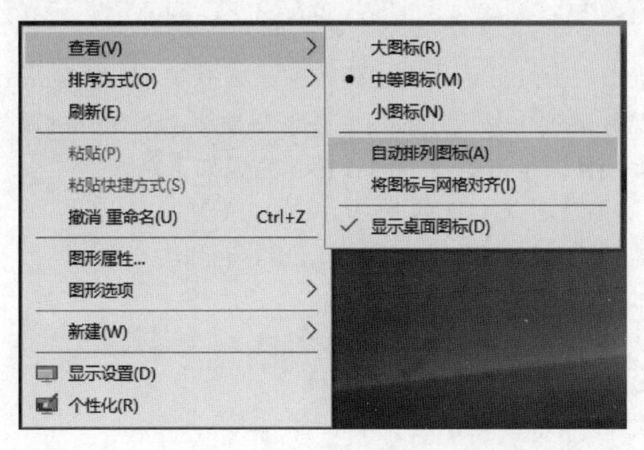

图1-15 在"查看"子菜单中取消"自动排列图标"选项

步骤2：分别将"此电脑"图标和"回收站"图标移至屏幕中心位置，用鼠标拖动框选法将它们都选中，如图1-16所示。

图1-16 鼠标拖动框选法

步骤 3：按下鼠标左键将它们拖移至屏幕中任意位置后，释放鼠标左键。

实验项目 1.1.5 键盘操作

【任务描述】

文档编辑操作中观察键盘，完成以下任务。

(1) 找到主键盘区、功能键区、编辑键区、数字小键盘区(辅助键区)和状态指示灯。

(2) 识别和记忆各键名称、键位及功能，请找到 Esc 键、Tab 键、CapsLock 键、左/右 Shift 键、左/右 Alt 键、左/右 Ctrl 键、Backspace 键、Delete 键、Insert 键、PrintScreen 键、Enter 键，了解它们各自的功能。在表 1-3 中填写部分键位或组合键的功能。

表 1-3 计算机设备的硬件结构

键位或组合键	功 能
CapsLock	
Win+D	
Ctrl+Alt+Delete	
Alt+Tab	
Win+E	

(3) 键盘上的状态指示灯分别代表键位当前录入状态，请将 NumLock 指示灯按熄灭，操作观察小数字键盘区的键位是否还有用? 并请在横线上写出你的观察结果。

(4) 用正确的指法分别敲击键盘上的各键。完成如下录入。

大写字母输入：ABCDEFGHIJKLMNOPQRSTUVWXYZ。

小写字母输入：asdfghjkl；lkjhgfdsa；jfjfjkdls；aslkd。

按住 Shift 键输入：~ ! @ # $ % ^ & * ( ) _ + | ：；" '。

在主键盘区输入数字：12345678900987654321。

在数字小键盘输入数字：7894561230。

【操作提示】

1) 问题解析

键盘是很重要的输入设备，它的组成及分区如图 1-17 所示。

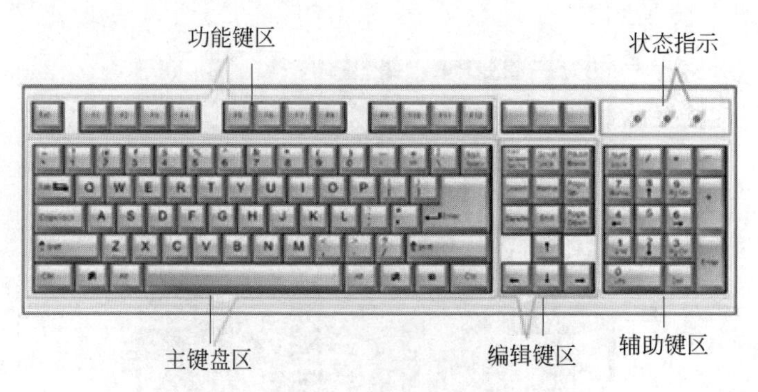

图 1-17 键盘的分区

要求熟记键盘上各键的名称、键位及功能，它是我们熟练地编辑输入文档的重要基础。

键盘上的 3 个状态指示灯的标识分别为 NumLock、CapsLock、ScrollLock，它们的功能如下。

- NumLock 指示灯：数字/编辑锁定状态指示灯。点亮时表示小键盘处于数字输入状态（此时敲击小键盘输入 0～9 数字有效），否则为编辑输入状态。按 NumLock 键可实现状态切换。
- CapsLock 指示灯：大写字母锁定状态指示灯。点亮时表示处于大写字母输入状态，否则为小写字母输入状态。按 CapsLock 键可实现大小写字母输入状态的切换。
- ScrollLock 指示灯：滚动锁定指示灯，由于很少用，在此不做说明。

2）操作提示

在桌面空白区域右击，在弹出的快捷菜单中选择"新建"→"文本文档"，双击桌面上的"新建文本文档"图标，打开该文档，在该文档编辑操作中才能更加明确每个键位的功能。

敲击键盘正确的指法如图 1-18 所示。

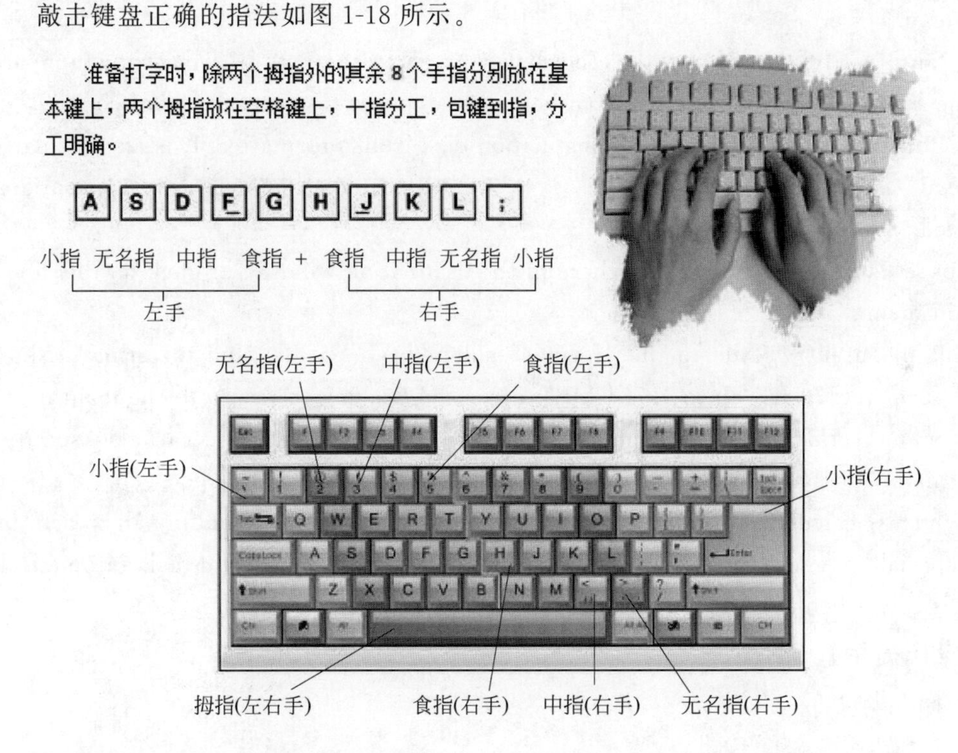

图 1-18 敲击键盘的正确指法

实验 1.2 中、英文录入

【实验目的】

（1）熟练掌握键盘使用的基本方法。

(2) 熟练掌握英文输入。

(3) 熟练掌握一种汉字输入法。

实验项目 1.2.1 英文录入

【任务描述】

(1) 启动“写字板”程序,进入写字板。

(2) 将输入法切换成英文输入状态,在写字板中输入如下英语短文。

The content of the disk which is currently inserted into the source drive is read and stored in HD-COPY's internal buffer. Then it can be written to any number of destination disks.

Mouse usage: simply click anywhere in the source window, or click on this line in the main menu.

If “auto verify” is switched on, the data written to the disk is reread and compared with the actual data, so write errors can be detected, but it take more time of course.

If “format” is switched on , the destination disk is also formatted. It is also formatted if “format” is switched to “automatic”(“ * ”) and if the disk isn't already appropriately formatted.

Mouse usage: simply click anywhere in the destination window, or click on this line in the main menu.

This menu entry leads to the “format” submenu. It enables you to format disks at various formats(720 KB up to 1.764 MB). Press the Esc key to return to the main menu.

A unique serial number and name is assigned to each disk. You can also specify a volume name for the disks being formatted, or you can let HD-COPY choose an “artificial” name which is calculated from the current system date and time. Additionally, each disk gets a special boot sector which causes the computer to boot from hard disk automatically if the disk isn't bootable. This also reduces the risk of virus infection.

【操作提示】

1) 操作步骤

步骤 1:单击“开始”按钮。

步骤 2:在弹出的“开始”菜单列表中选择“Windows 附件”→“写字板”命令,打开“写字板”窗口。

2) 操作提示

按 Ctrl+Space 组合键,将输入法切换至英文状态,然后输入英文短文。

(1) 在输入过程中人的坐姿及手指指法。

- 手腕要平直、放松,手臂要保持静止,全部动作只限于手指部分。
- 手指要保持弯曲,稍微拱起,用指尖轻轻放在键位的中央。
- 输入前应把手指按指法分区放在基本键位上,大拇指轻放在空格键上。输入时,手抬起,要击键的手指伸出,轻击后立即返回基本键位“常驻地”,不可停留在已击的键位上，要注意有节律地轻击键位，不能击键过轻，也不能用力过猛。空格键由大拇指管理，只要右手轻抬，大拇指横着向下一击并立即回归，每击一次输入一个空格。段落结束或终止输入命令只需用右手小指轻击 Enter 键，击键后右手应退回基本键位置。

(2) 在输入过程中应掌握如下两个要领。

- 精神高度集中，避免出现差错。把输入的差错减少到最少，提高正确率，也就等于提高了速度。只顾追求输入速度而忽略了差错率，那么输入得越多，差错就越多，欲快则反而可能更慢，这就是所谓的“欲速则不达”。
- 两眼注视原稿，尽可能不看键盘。努力做到通常说的“盲打”。靠手指的触摸和对键位位置的熟练来确定击键的位置，只要坚持按照正确的操作方法和顺序进行练习，熟能生巧，一定能逐步达到正确、熟练、快速的键盘录入水平。

实验项目 1.2.2　中文录入

【任务描述】

选择一种汉字输入法，在写字板中输入如下内容。

1）基础输入

中英文标点切换输入：《　》＜　＞。.，, “”""。

软键盘/符号表情输入特殊符号：☑♫ ♥ × ♣ ⑤ ÷ ☚。

全角字符：１ ２ ３。

半角字符：123。

2）短文输入

禾下乘凉梦 一梦逐一生——怀念袁隆平

2021 年 5 月 22 日，一位 91 岁的老人走了。湖南长沙，中南大学湘雅医院门诊楼前，三捧青翠的稻束静静矗立。不知是谁，采下老人毕生为之奋斗的梦，向他祭献。

他以祖国和人民需要为己任，以奉献祖国和人民为目标，一辈子躬耕田野，脚踏实地把科技论文写在祖国大地。

那一年，26 岁的袁隆平开始农学试验。不久后，他的研究从红薯育种转向水稻育种。这一转身，改变了他的一生，也影响着中国乃至世界的生存境遇。挨饿，曾是最深最痛的民族记忆。新中国成立前，少年袁隆平，因路遇饿殍，而立志学农。“让所有人远离饥饿”，一个当时看来遥不可及的梦，让袁隆平开始了长达半个多世纪的追逐。

回望袁老一生，宏愿并非一时头脑发热，而是一代中国知识分子对家国命运的情怀和担当。这是一条艰辛求索的路。质疑、失败、挫折，如家常便饭；误解、反对、诋毁，曾如影随形。他默不作声，背上腊肉，转乘几日火车，去云南、海南、广东，重复一场又一场试验。为稻种追寻温度与阳光，就像候鸟追着太阳！

粮稳，则天下安。水稻种植是应用科学。对科学家袁隆平而言，国家和人民的需求至高无上——技术手段不断更迭，但所有工作的出发点始终是丰收。近年，杂交水稻年种植面积超过 2.4 亿亩，年增产水稻约 250 万吨。中国以无可辩驳的事实向世界证明，我们完全可以靠自己养活14亿人民。

（资料来源：新华社）

【操作提示】

输入汉字时首先需要选择一种汉字输入法，常用方法有以下两种。

- 鼠标选择法。
- 键盘选择法——使用快捷键。

【操作提示】

1）输入法的使用

下面以“中文(简体)-搜狗拼音输入法”为例说明输入法的调出、切换与输入。

（1）从任务栏调出输入法。单击任务栏右侧的图标，打开输入法菜单，如图1-19所示，单击“中文(简体)-搜狗拼音输入法”命令，即可调出此输入法，或按Ctrl+Shift组合键切换到该输入法，任务栏将显示某输入法的状态条，如图1-20所示。

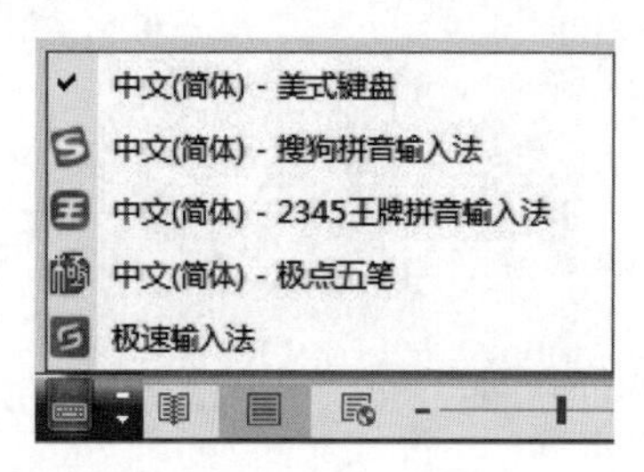

图1-19 输入法选项列表

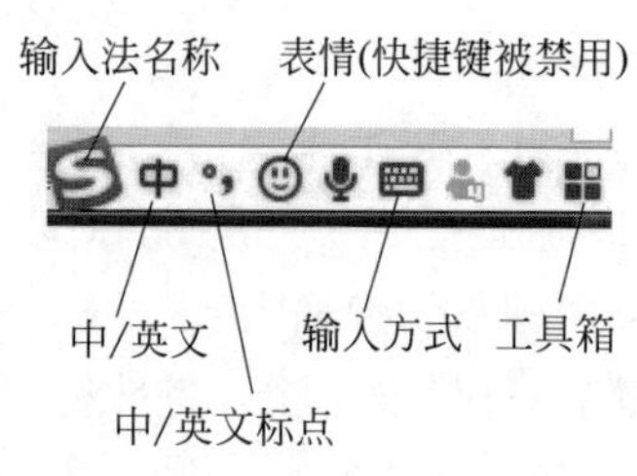

图1-20 输入法状态条按钮

“中文(简体)-搜狗拼音输入法”是一种在全拼输入法的基础上加以改进的拼音输入法，它可以用多种方式输入汉字。例如，“中国人民”可以输入全部拼音“zhongguorenmin”，也可以只输入简拼即声母zgrm，还可以全拼与简拼混合输入，即zhonggrm。

（2）中英文状态切换。在输入汉字时，切换到英文状态通常有两种方法：一是按Shift键快速切换中/英文状态；二是在输入法状态条中单击“中/英文”图标将中文状态转换成英文状态或将英文状态转换为中文状态。

（3）中英文标点切换。在输入汉字时，切换中英文标点通常用两种方法：一是按Ctrl+“.”组合键快速切换中英文标点；二是单击输入法状态条中的“中文标点”图标转换至“英文标点”图标，反之亦然。

（4）全角/半角状态切换。右击“输入法状态条”，弹出如图1-21所示的快捷菜单，再单击“全半角”图标则实现全角/半角状态切换。

【注意】 中、英文录入是学习计算机操作的基本功，一定要勤加练习，提高中、英文录入速度。汉字录入速度要求达到40字/分钟以上。为了提高录入效率，请熟练掌握并且灵活运用Ctrl+Space、Ctrl+Shift等快捷键来切换输入法状态。

2）软键盘

软键盘(soft keyboard)是通过软件模拟的键盘，可以通过单击输入需要的各种字符，一般在一些银行的网站上要求输入账号和密码时很容易看到。使用软键盘是为了防止木马记录键盘的输入。通过“搜狗软键盘”可以输入数字、英文字符、标点符号和汉字等。或可选用输入法提供的“特殊符号”或“表情 & 符号”都可以进行特殊符号录入。

在输入法状态条的快捷菜单中单击“软键盘”图标或者右击“输入方式”图标都会打开如图 1-22 所示的 13 个选项组成的选项栏，它就是 Windows 10 系统提供的 13 种软键盘布局。在选项栏中选择任何一个选项就可以切换到某一个字符界面，从而实现 13 种不同类型字符的输入。其中，若单击“PC 键盘”选项则会打开“搜狗软键盘”界面，如图 1-23 所示。

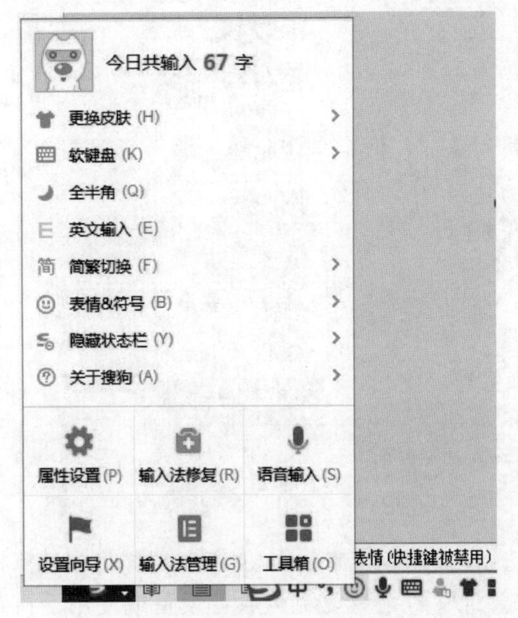

图 1-21 输入法状态条的快捷菜单

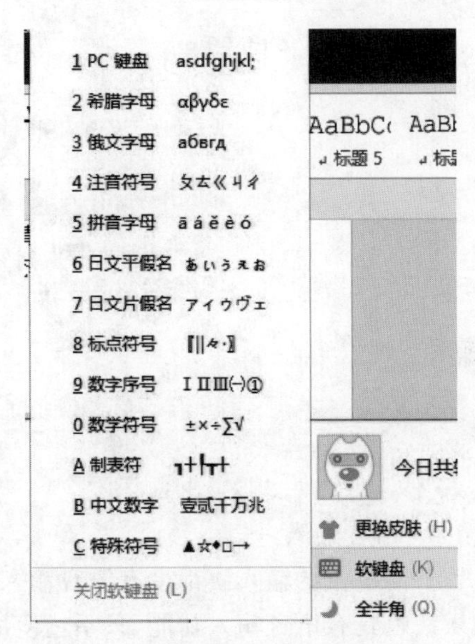

图 1-22 “软键盘”中的 13 种字符布局

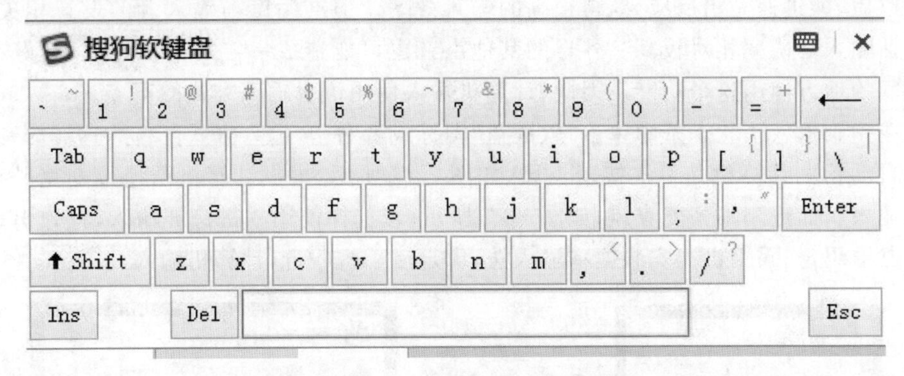

图 1-23 “搜狗软键盘”界面

3）手写输入

为解决不认识的字，部分输入法带有手写输入功能，特别是不会读音或读音不准的字，可以直接使用手写就可以，但速度较慢。

如在搜狗输入法状态条中单击“软键盘”图标或者右击“输入方式”图标都会打开如图 1-24 所示的手写输入选择界面，选择手写输入。第一次使用

图 1-24 手写输入选择界面

需要先进行安装才可以使用。安装完成之后,手写工具会自动弹出来,在手写画板进行手写字,如图 1-25 所示。在手写输入中,手写完成之后会弹出匹配的字,来进行选择需要的字,选中完成之后,这个字就完成了输入,不过输入的速度是较慢的。

图 1-25　手写输入功能界面

4) 语音输入

智能手机的输入法都带有语音输入功能,这样的输入带来很大的便利,同样很多计算机输入法也具有语音输入功能,只不过使用时需要计算机配置麦克风收音设备或使用手机跨屏语音输入。对于不方便打字的用户,语音输入是一种很好的选择。语音输入捕获输入者的声音以后,能迅速做出反应,获得很高的输入效率。但准确度与输入者的发音相关,标准的普通话输入准确率相对较高。外界的其他声音也可能造成一定的干扰,所以最好在一个相对安静的地方使用这个功能。因此,计算机输入使用语音输入方式的不多。

如在搜狗输入法状态条中单击"软键盘"图标或者右击"输入方式"图标,选择语音输入。软件会自动检测计算机是否连接麦克风,如图 1-26 所示,根据计算机已连接麦克风直接进行语音输入。如检测不到麦克风,如图 1-27 所示,可选择使用手机跨屏输入,将弹出设备跨屏输入二维码,扫码手机端安装搜狗输入法,绑定后手机收音,计算机输入。

图 1-26　语音输入界面

图 1-27　跨屏输入选择界面

5) 五笔字型输入法

五笔字型输入法是我国的王永民教授发明的,所以又称为"王码",现在已被微软公司收购,微软公司经过升级后提供 86 和 98 两种版本,常用的是 86 版。

五笔字根是指组成汉字的最常用笔画或部首,共归纳了 130 个基本字根,分布在 25 个英文字母键位上(Z 键除外),这些字根是组字和拆字的依据。汉字有五种笔画:横、竖、撇、捺、折,它们分布在键盘上的 5 个区中,为了便于记忆,每个区各键位的字根分布如图 1-28 所示。

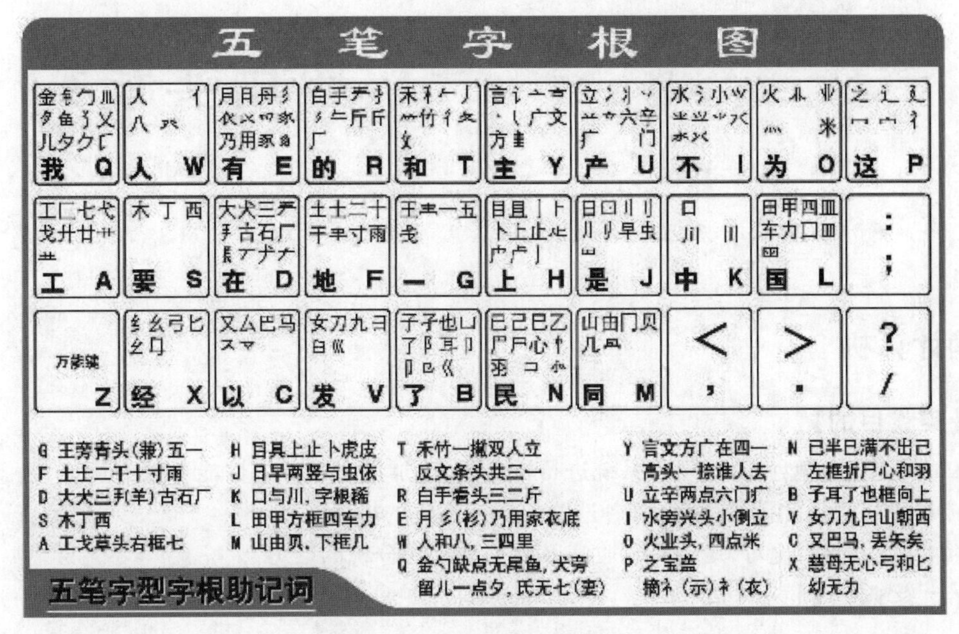

图 1-28 五笔字型字根分布图

末笔字型交叉识别码是“末笔画的区号(十位数,1~5)+字形代码(个位数,1~3)”=对应的字母键,其中,字形代码为左右型 1、上下型 2、杂合性 3。

学习五笔字型输入法的方法与步骤:熟悉字根—全面了解编码规律—掌握拆字原则—练习巩固。

(1) 键名汉字。

连击 4 次。例如,月(eeee)、言(yyyy)、口(kkkk)。

(2) 成字字根。

键名+第一、二、末笔画,不足 4 码时按空格,例如,雨(fghy)、马(cnng)、四(lhng)、几(mtn 空格)。

(3) 单字。

例如,操(rkks)、鸿(iaqg)、否(gik 空格)、会(wfcu)、位(wug 空格)。

(4) 词组。

两字词:每字各取前两码。例如,奋战(dlhk)、显著(joaf)、信息(wyth)。

三字词:取前两字第一码、最后一字前两码。例如,计算机(ytsm)、红绿灯(xxos)、实验室(pcpg)。

四字词:每字各取其第一码,例如,众志成城(wfdf)、四面楚歌(ldss)。

多字词:取第一、二、三及最末一个字的第一码。例如,中国共产党(klai)、中华人民共和国(kwwl)、百闻不如一见(dugm)。

应用实践1

选购计算机

【实践目的】

(1) 通过对微型计算机硬件系统进行网上调查,加深对硬件各性能参数的认识,熟悉当前主流计算机系统和硬件技术,具备选购不同计算机的能力。

(2) 通过调查、比对,培养资料收集及数据整理和分析的能力。

【任务描述】

按照任选一种用户需求[如办公、游戏和专业(如图形图像处理)用户等]使用微型计算机的情况,做出个人计算机的配置单,写出调研实践报告。

【任务实践】

(1) 同学分组完成,分工对计算机硬件的品牌、价位、性能参数进行网上市场调查(个别性能及参数可参考品牌商宣传或网络上的测评推荐信息)。

(2) 按照不同用户需求进行分析,列出配置清单(包括硬件配置及不同用户的必备软件配置)。

(3) 对配置清单做出对比说明,明确差异性及推荐理由,写出调研实践报告(包括选购微型计算机的注意事项)。

(4) 各小组对提交的报告进行汇报,老师组织同学们进行讨论及点评。

【操作提示】

主流计算机测评网站:太平洋电脑网 www.pconline.com.cn,中关村在线 www.zol.com.cn。

实验2 Windows 10操作系统

实验 2.1 Windows 10 的基本操作

【实验目的】

(1) 熟悉 Windows 10 桌面的操作设置。

(2) 能设置多窗口的排列。

实验项目 2.1.1 任务栏设置

【任务描述】

改变任务栏的位置,将任务栏设置为自动隐藏。

【操作提示】

步骤 1:右击任务栏空白处,弹出其快捷菜单,如图 2-1 所示。

步骤 2:选择“任务栏设置”命令,打开“设置-任务栏”窗口,将“在桌面模式下自动隐藏任务栏”选项按钮设置为“开”,则任务栏将自动隐藏,如图 2-2 所示。

图 2-1 “任务栏”快捷菜单

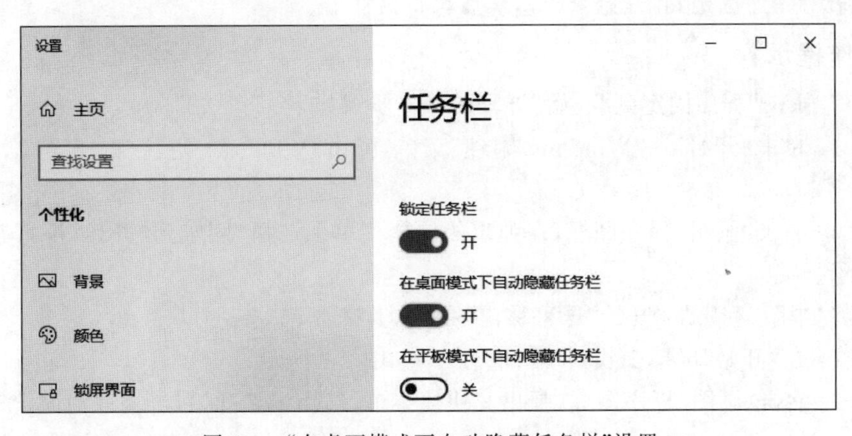

图 2-2 “在桌面模式下自动隐藏任务栏”设置

步骤 3：在打开的“设置-任务栏”窗口中，单击“任务栏在屏幕上的位置”列表框的下拉按钮，打开其列表，包括“靠左”“顶部”“靠右”“底部”4 个选项，选择其中之一，可设置任务栏在桌面上的放置位置，如图 2-3 所示。

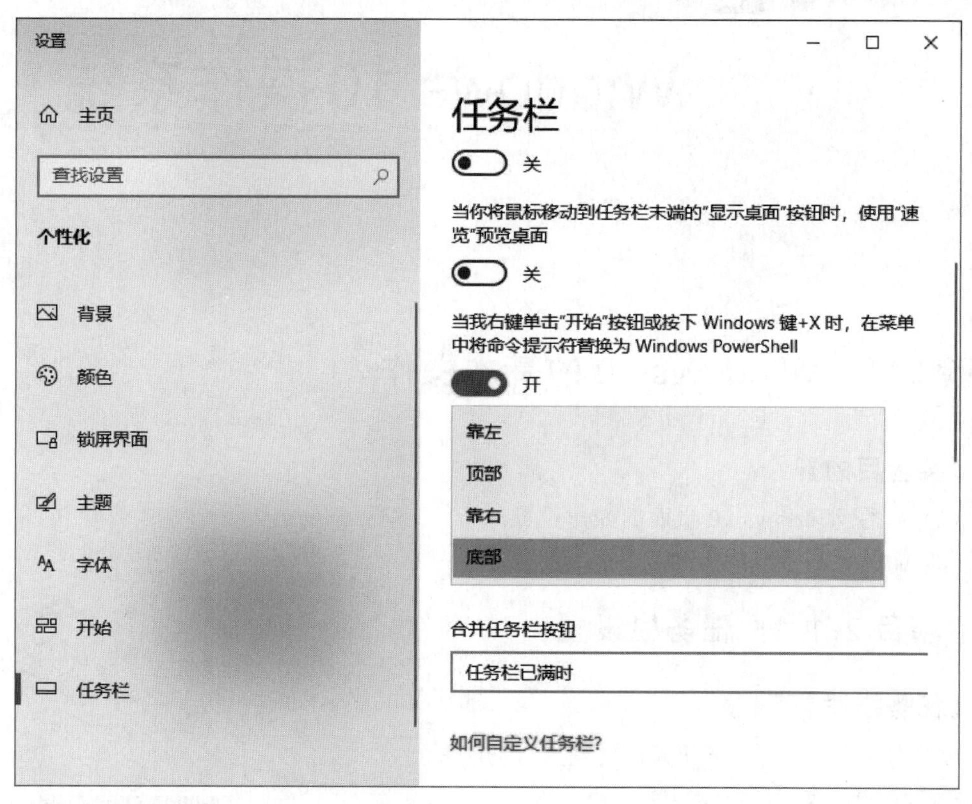

图 2-3　设置任务栏在桌面上的放置位置

实验项目 2.1.2　将画图程序固定到“开始”屏幕

【任务描述】

将“画图”程序固定到“开始”屏幕，然后再将其移出。

【操作提示】

(1) 将“画图”程序固定到“开始”屏幕的操作步骤如下。

步骤 1：单击“开始”→“Windows 附件”菜单，弹出“Windows 附件”的子菜单，如图 2-4 所示。

步骤 2：右击“画图”程序图标，在弹出的快捷菜单中选择“固定到‘开始’屏幕”命令，如图 2-5 所示。

(2) 将“画图”程序从“开始”屏幕移出的操作步骤如下。

步骤 1：在“开始”屏幕中找到“画图”程序，如图 2-6 所示。

步骤 2：右击“画图”程序图标，弹出其快捷菜单，选择“从‘开始’屏幕取消固定”命令，如图 2-7 所示。

图 2-4　“Windows 附件”的子菜单

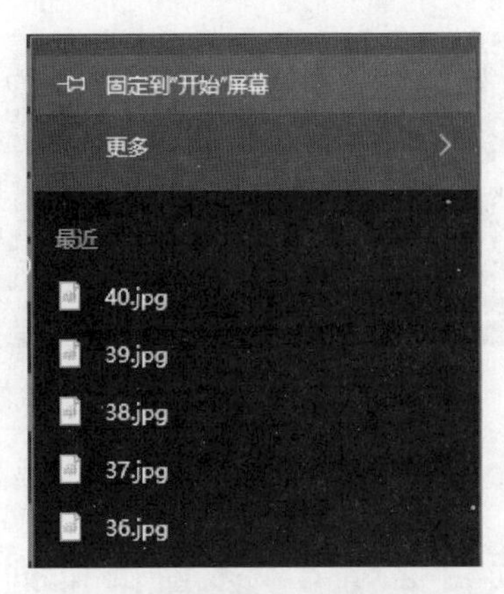

图 2-5　“画图”程序的快捷菜单

图 2-6　“开始”屏幕中的画图程序

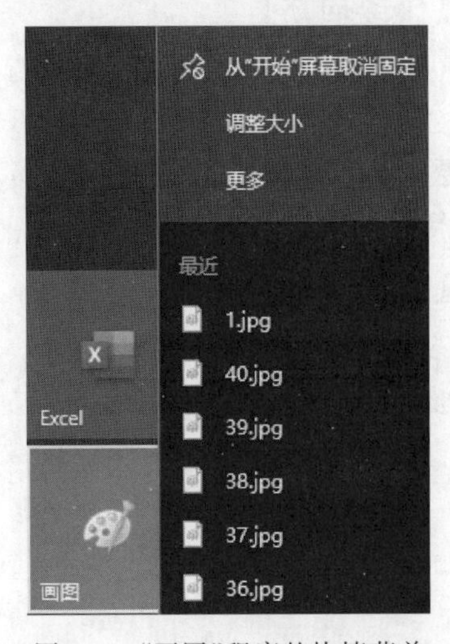

图 2-7　“画图”程序的快捷菜单

实验项目 2.1.3　将“写字板”程序固定到任务栏

【任务描述】

将“写字板”程序固定到任务栏，然后再将其移出。

【操作提示】

(1) 将“写字板”程序固定到任务栏的操作步骤如下。

步骤 1：单击“开始”→“Windows 附件”菜单，弹出“Windows 附件”的子菜单，如图 2-8 所示。

步骤 2：右击“写字板”程序图标，在弹出的快捷菜单中选择“更多”→“固定到任务栏”命令，如图 2-9 所示。

(2) 将“写字板”程序从任务栏中移出的操作步骤如下。

步骤 1：右击任务栏中的“写字板”程序图标，弹出其快捷菜单，如图 2-10 所示。

图 2-8　“Windows 附件”的子菜单

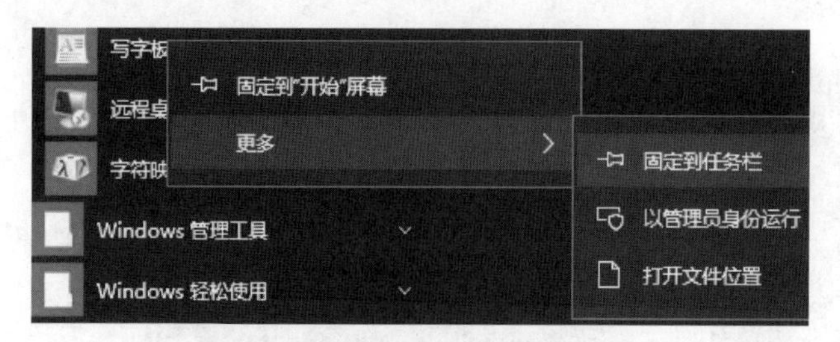

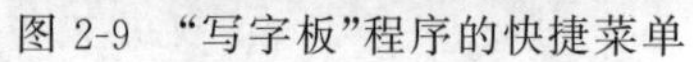
图 2-9 "写字板"程序的快捷菜单

图 2-10 "写字板"程序的快捷菜单

步骤 2：选择"从任务栏取消固定"命令，则将"写字板"程序移出任务栏。

实验项目 2.1.4 多窗口排列

【任务描述】

(1) 先打开"回收站"窗口，再打开"设置"窗口，将两个窗口设置为"并排显示窗口"。

(2) 完成以上操作后，再次打开"此电脑"窗口和"图片"窗口，将以上四个窗口依次设置为"层叠窗口""堆叠显示窗口""显示桌面""撤销层叠所有窗口"，观察四个窗口的变化，按需要进行选择。

【操作提示】

多窗口排列操作步骤如下。

步骤 1：先打开"回收站"窗口，再打开"设置"窗口后，在任务栏上右击鼠标，选择"并排显示窗口"选项，如图 2-11 所示。

图 2-11 "Windows 设置"窗口

步骤 2：打开 4 个窗口后，依次单击任务栏菜单上的对应功能即可。

实验 2.2 Windows 10 的文件管理

【实验目的】

(1) 理解操作系统的基本概念和 Windows 10 的新特性。

(2) 掌握 Windows10 的文件与文件夹的常规操作。

(3) 掌握文件与文件夹的搜索方法。

(4) 掌握回收站的设置与使用。

实验项目 2.2.1 文件与文件夹的常规操作

【任务描述】

(1) 在 G 盘根目录下建立两个一级文件夹 Jsj1 和 Jsj2,然后在 Jsj1 文件夹下建立两个二级文件夹 mmm 和 nnn。

(2) 在 Jsj2 文件夹中新建 4 个文件,分别为 wj1. txt、wj2. txt、wj3. txt、wj4. txt。

(3) 将上题建立的 4 个文件复制到 Jsj1 文件夹中。

(4) 将 Jsj1 文件夹中的 wj2. txt 和 wj3. txt 文件移动到 nnn 文件夹中。

(5) 删除 Jsj1 文件夹中的 wj4. txt 文件到回收站,然后将其恢复。

(6) 在 Jsj2 文件夹中建立"记事本" 的快捷方式。

(7) 将 mmm 文件夹的属性设置为"隐藏"。

(8) 设置"显示"或"不显示"隐藏的文件和文件夹,观察前后文件夹 mmm 的变化。

(9) 设置系统"显示"或"不显示"文件类型的后缀名(扩展名),观察 Jsj2 文件夹中各文件名称的变化。

【操作提示】

(1) 新建文件夹。

步骤 1:在桌面双击"此电脑"图标,在打开的"此电脑"窗口中双击 G 盘盘符进入 G 盘,在"主页"选项卡的"新建"组中单击"新建文件夹"按钮,如图 2-12 所示。

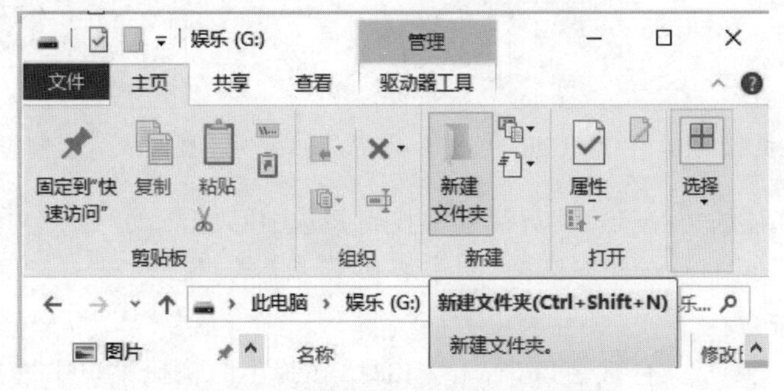

图 2-12 "主页"选项卡的"新建"组

步骤 2:新文件夹的名字呈现蓝色可编辑状态,输入名称为题目指定的名称 Jsj1。

步骤 3:用同样的方法在 G 盘根目录下建立 Jsj2 文件夹。

步骤 4：双击 Jsj1 文件夹图标进入 Jsj1 文件夹窗口，用同样的方法建立两个二级文件夹 mmm 和 nnn。

(2) 在文件夹中新建文件。

步骤 1：在“G”盘窗口中双击 Jsj2 文件夹图标进入 Jsj2 文件夹窗口，在“主页”选项卡的“新建”组中，单击“新建项目”按钮，在弹出的下拉列表中选择“文本文档”命令，如图 2-13 所示。

步骤 2：新文件的名字呈现蓝色可编辑状态，输入名称为题目指定的名称 wj1. txt。

步骤 3：用同样的方法在 Jsj2 文件夹中建立 wj2. txt、wj3. txt、wj4. txt。

(3) 复制文件到文件夹中。

步骤 1：进入 Jsj2 文件夹窗口，按 Ctrl+A 组合键或在“主页”选项卡的“选择”组中选择“全部选择”命令，如图 2-14 所示。

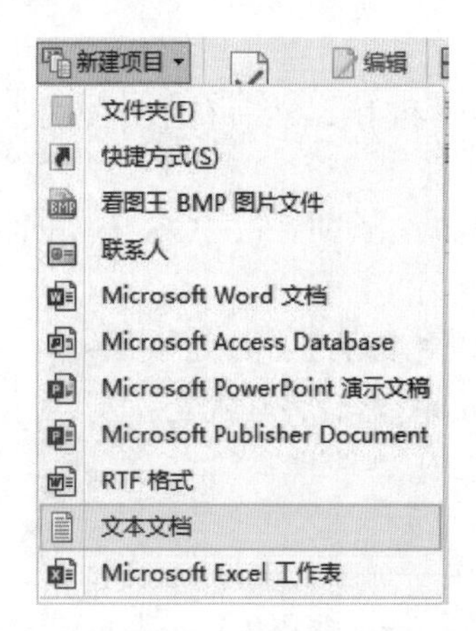

图 2-13 “新建项目”按钮的下拉列表

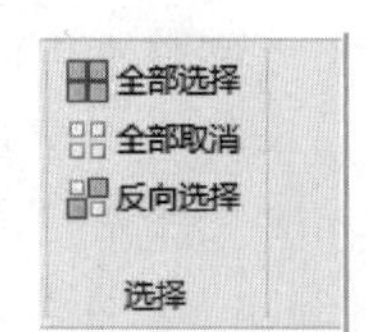

图 2-14 “主页”选项卡的“选择”组

步骤 2：在“主页”选项卡的“组织”组中单击“复制到”按钮，如图 2-15 所示，弹出其下拉列表，选择“选择位置”命令，如图 2-16 所示。

图 2-15 “主页”选项卡的“组织”组

图 2-16 “复制”按钮的下拉列表

步骤 3：在打开的“复制项目”对话框中找到并选中 G 盘下的“Jsj1”文件夹，单击“复制”按钮完成复制操作并自动关闭对话框，如图 2-17 所示。

(4) 移动文件。

步骤 1：进入“Jsj1”文件夹窗口，右击空白处，在弹出的快捷菜单中选择“查看”→“中等图标”命令，如图 2-18 所示。

步骤 2：选中 wj2. txt 文件，按住 Ctrl 键再单击选中 wj3. txt。

步骤 3：按住左键，将它们直接拖移至 nnn 文件夹，如图 2-19 所示。

图 2-17 "复制项目"对话框

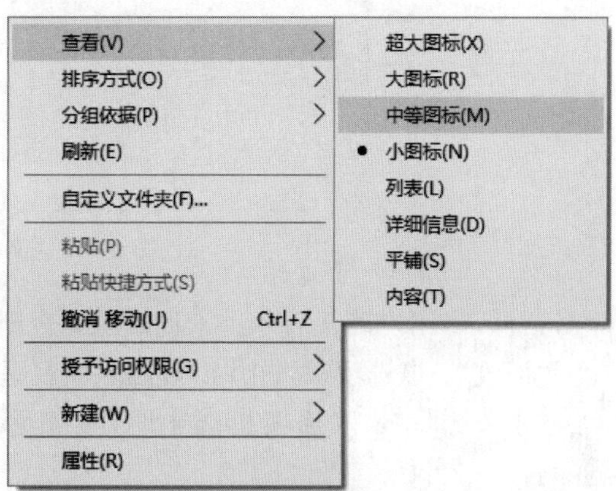

图 2-18 "查看"的子菜单

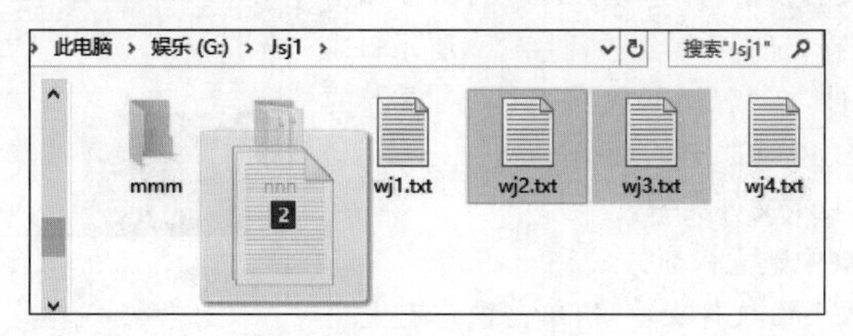

图 2-19 拖移文件到文件夹

(5) 删除文件并恢复。

步骤 1：进入 Jsj1 文件夹，单击选中 wj4. txt 文件，按 Delete 键；或在"主页"选项卡的"组织"组中单击"删除"按钮，在弹出的下拉列表中选择"回收"命令，如图 2-20 所示，弹出"删除文件"对话框，如图 2-21 所示，单击"是"按钮，将 wj4. txt 文件移动到回收站。

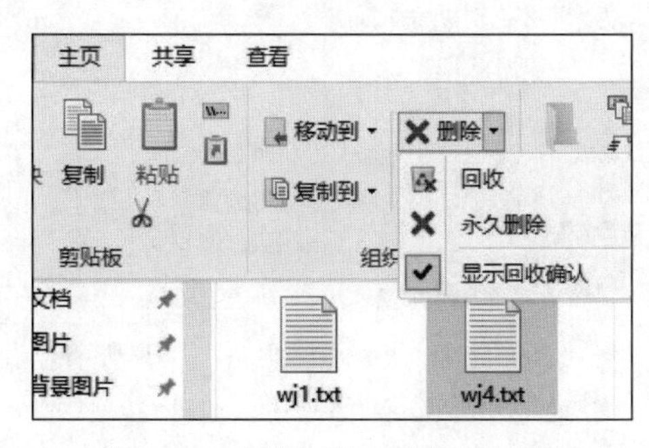

图 2-20 "删除"按钮的下拉列表

【说明】 "删除"按钮的下拉列表包括"回收""永久删除""显示回收确认"3 个选项。

"显示回收确认"：该选项被选中时，用户删除的项目进入回收站时系统会弹出确认删

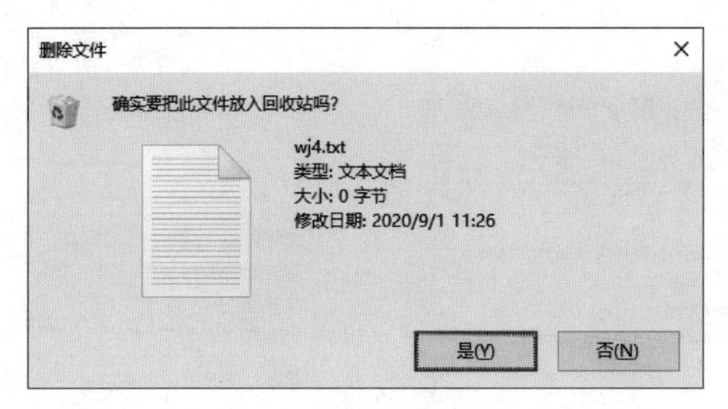

图 2-21 “删除文件”对话框

除对话框,待用户确认后才进入回收站;否则,将直接被删除。

“回收”:该选项被选中时,被删除项目进入回收站。

“永久删除”:该选项被选中时,被删除项目不进入回收站,而是真正物理意义上的删除。

【注意】 移动存储设备上的项目被删除时不进入回收站,而是真正物理意义上的删除。

步骤 2:进入回收站,右击 wj4.txt 文件,在弹出的快捷菜单中选择“还原”命令,如图 2-22 所示;或选中 wj4.txt 文件,在“管理回收站工具”选项卡的“还原”组中单击“还原选定的项目”按钮。wj4.txt 文件又恢复到了 Jsj1 文件夹中。

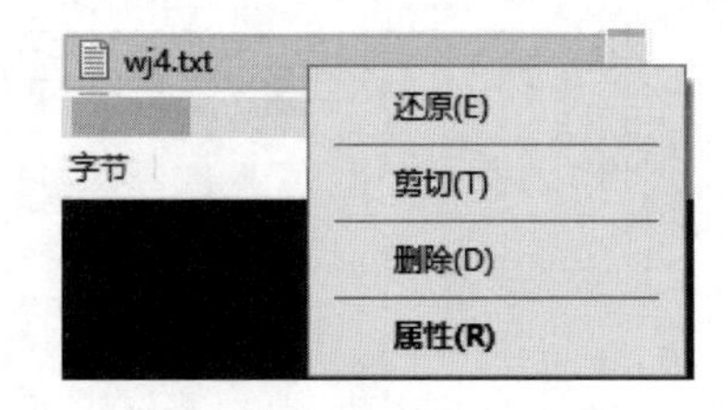

图 2-22 选择“还原”命令

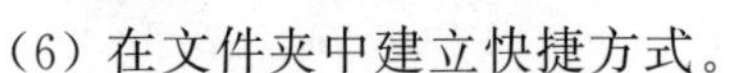

(6) 在文件夹中建立快捷方式。

步骤 1:进入 Jsj2 文件夹窗口,单击窗口右上角的“向下还原”按钮,使该窗口处于还原状态。

步骤 2:单击“开始”→“Windows 附件”菜单,选中“记事本”图标并按下鼠标左键将其直接拖移至 Jsj2 文件夹窗口,则“记事本”的快捷方式创建成功。

(7) 隐藏文件夹。

步骤 1:进入 Jsj1 文件夹窗口,选中 mmm 文件夹,在“查看”选项卡的“显示/隐藏”组中单击“隐藏所选项目”按钮,如图 2-23 所示。

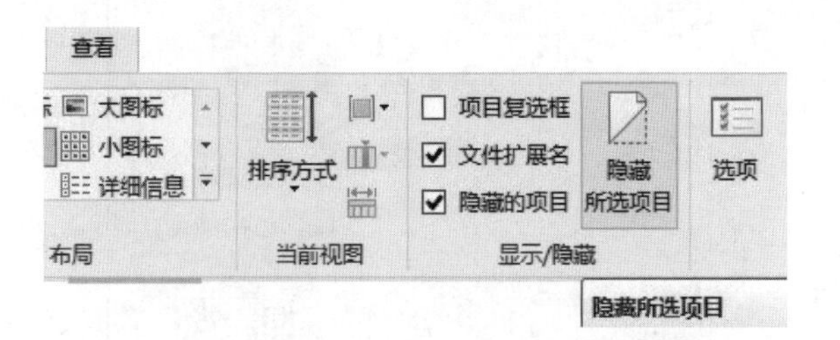

图 2-23 单击“隐藏所选项目”按钮

步骤 2:此时观察 mmm 文件夹的颜色由深黄色变为浅黄色。若再一次单击“隐藏所选项目”按钮,则 mmm 文件夹又恢复到原来的深黄色。可见这个按钮就相当于一个开关。

(8) 显示或不显示文件及文件夹。

步骤 1：进入 Jsj1 文件夹窗口，在“查看”选项卡的“显示/隐藏”组中取消选中“隐藏的项目”复选框，如图 2-24 所示，观察此时 mmm 文件夹已消失。

步骤 2：再次单击“隐藏的项目”复选框，使其处于选中状态，如图 2-25 所示，观察 mmm 文件夹又再一次出现。

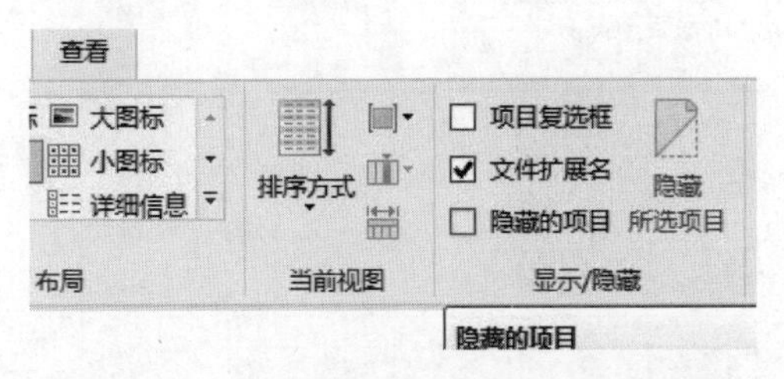

图 2-24　取消选中“隐藏的项目”复选框

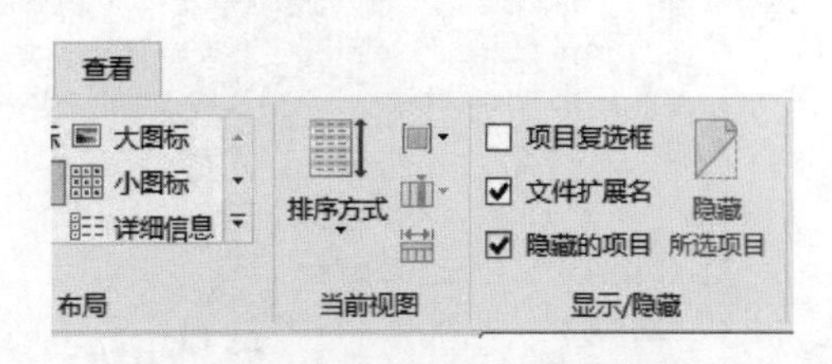

图 2-25　选中“隐藏的项目”复选框

(9) 显示或不显示文件后缀。

步骤 1：进入 Jsj2 文件夹窗口，在“查看”选项卡的“显示/隐藏”组中选中“文件扩展名”复选框，如图 2-26 所示，观察所有文件的扩展名呈显示状态。

步骤 2：若取消“文件扩展名”复选框的选中状态，如图 2-27 所示，观察所有文件的扩展名呈隐藏状态。

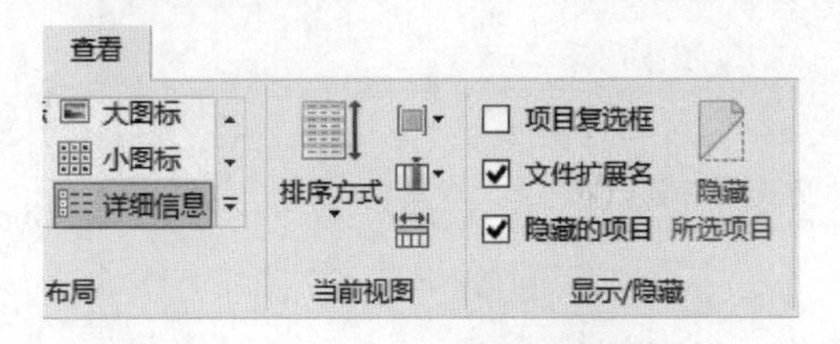

图 2-26　选中“文件扩展名”复选框

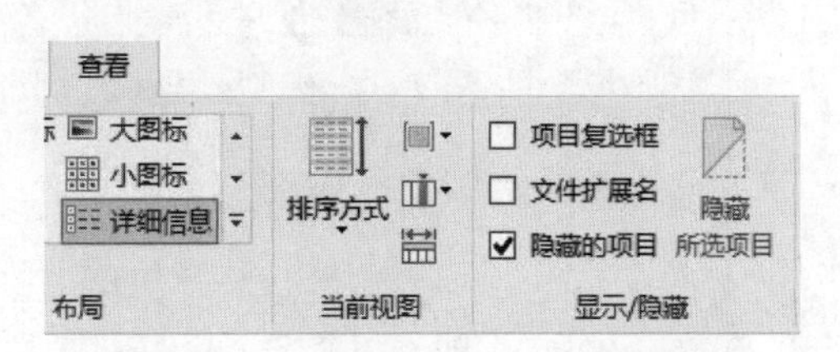

图 2-27　取消选中“文件扩展名”复选框

实验项目 2.2.2　文件和文件夹的搜索

【任务描述】

(1) 查找 G 盘上所有扩展名为.txt 的文件。

(2) 查找 F 盘中上星期修改过的所有扩展名为.jpg 的文件，如果查找到，将它们复制到 G 盘下的 Jsj1 文件夹。

(3) 查找“此电脑”上所有大于 128MB 的文件。

【操作提示】

(1) 查找文件。

步骤 1：进入 G 盘。

步骤 2：在地址栏右侧的“搜索”框中输入“*.txt”后按 Enter 键，系统便立即开始搜索，并将搜索结果按不同文件名和大小显示在地址栏下方。

(2) 查找修改过的指定文件。

步骤 1：进入 F 盘。

步骤 2：在地址栏右侧的搜索框中输入“*.jpg”，在“搜索工具搜索”选项卡的“优化”组中单击“修改日期”按钮，在弹出的下拉列表中选择“上周”选项，如图 2-28 所示。系统便立即开始搜索，并将搜索结果显示于地址栏下方，如图 2-29 所示。

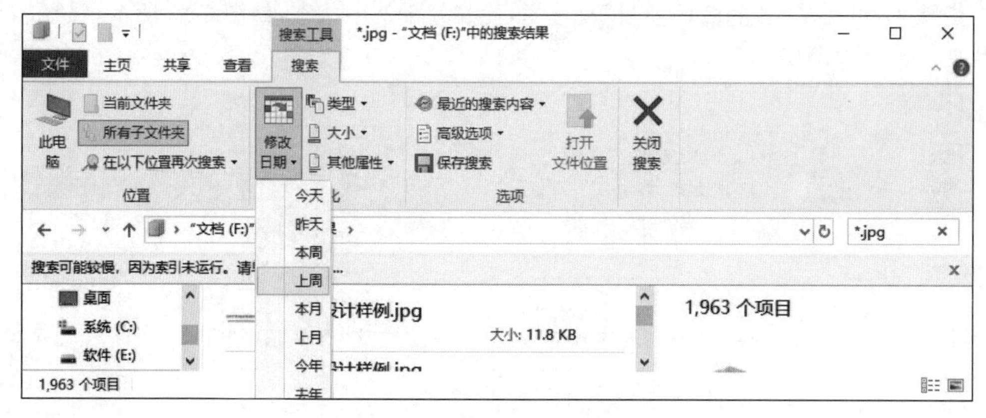

图 2-28 “修改日期”下拉列表

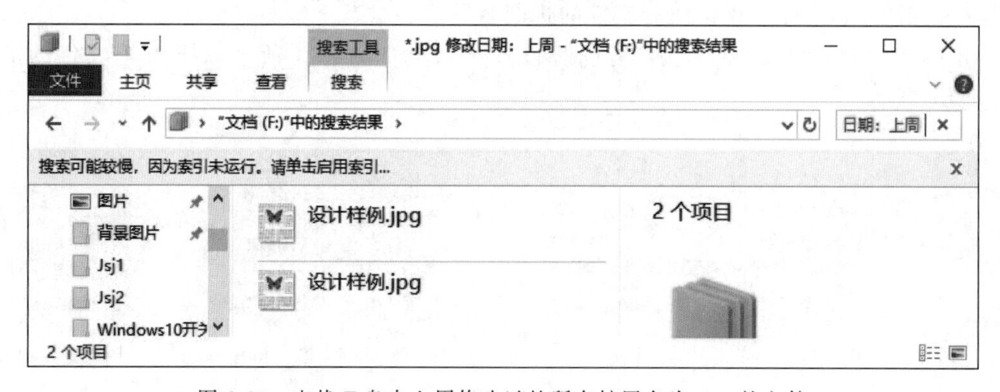

图 2-29 查找 F 盘中上周修改过的所有扩展名为.jpg 的文件

步骤 3：在中间窗格中选中所有项目，切换至“主页”选项卡的“组织”组中单击“移动到”按钮，在弹出的下拉列表中选择“选择位置”命令，在打开的“移动项目”对话框中找到并选中 G 盘下的 Jsj1 文件夹，然后单击“移动”按钮，如图 2-30 所示。

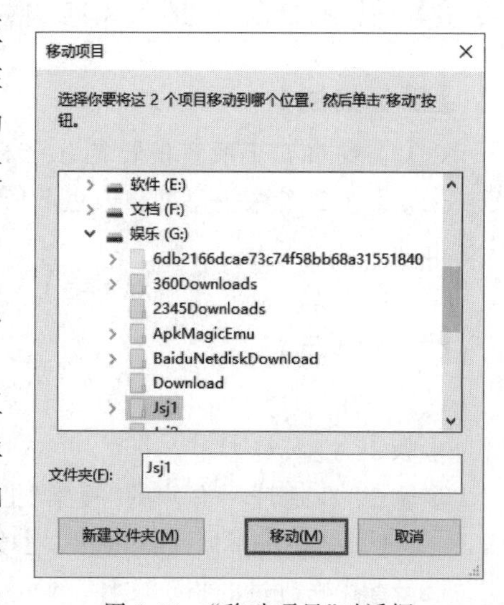

图 2-30 “移动项目”对话框

(3) 查找指定大小的文件。

步骤 1：在桌面上双击“此电脑”图标打开“此电脑”窗口。

步骤 2：在“搜索”框中输入“*.*”，在“搜索工具搜索”选项卡的“优化”组中单击“大小”按钮，在弹出的下拉列表中选择“大(128MB-1GB)”选项，如图 2-31 所示，系统立即开始搜索，并将搜索结果显示于地址栏下方的工作区域中，中间窗格显示文件名，右窗格显示满足条件的文件个数，如图 2-32 所示。

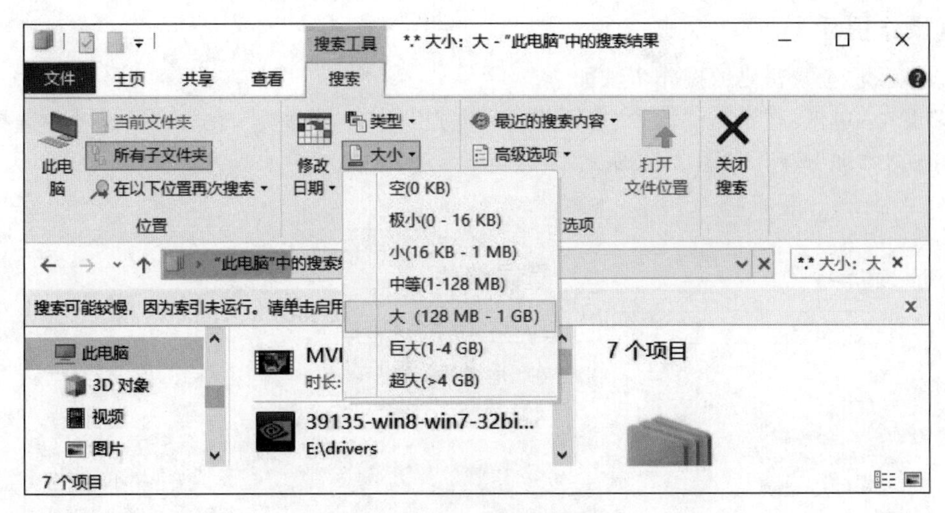

图 2-31 “大小”按钮的下拉列表

图 2-32 “此电脑”中的搜索结果

实验 2.3 Windows 10 的系统设置

实验项目 2.3.1 设置用户登录密码

【任务描述】

设置登录账户密码，账户登录密码用于登录 Windows，输入密码以后才能登录系统，使用计算机。

如果需要修改密码，需要输入原密码进行修改。

【操作提示】

设置账户登录密码的操作步骤如下。

步骤 1：单击“开始”→“设置”按钮，选择“账户”→“登录选项”，在右侧的选项中选择“密码”，单击“添加”按钮，如图 2-33 所示。

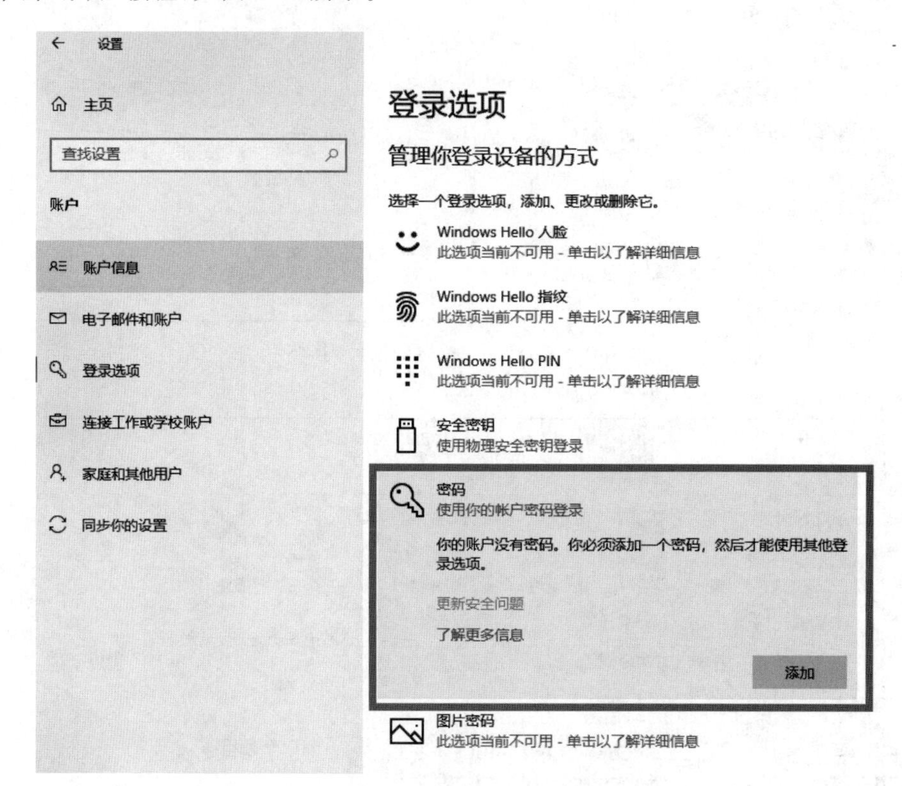

图 2-33 “登录选项”界面

步骤 2：创建密码，设置密码提示，如图 2-34 所示。

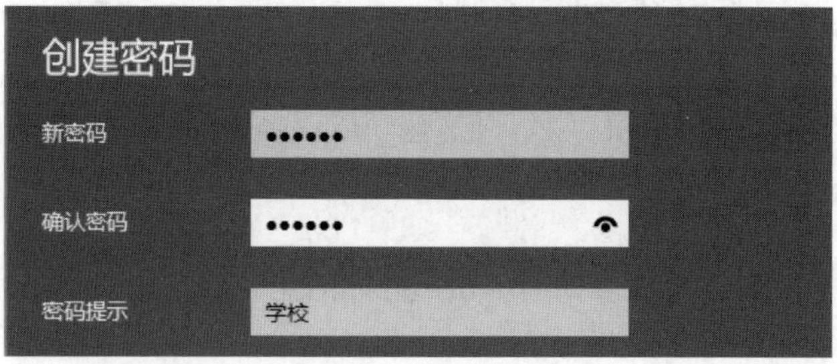

创建密码
新密码 ••••••
确认密码 ••••••
密码提示 学校

图 2-34 “创建密码”界面

实验项目 2.3.2 设置桌面背景

【任务描述】

(1) 选择一幅自己喜欢的图片作为桌面背景。

(2) 可以选择系统自带的图片作为桌面背景,也可以选择本机的其他图片作为桌面背景。

【操作提示】

步骤 1:单击"开始"→"设置"按钮,如图 2-35 所示。

步骤 2:打开"设置"窗口,在"Windows 设置"栏中选择"个性化"图标,如图 2-36 所示。

图 2-35 单击"设置"按钮

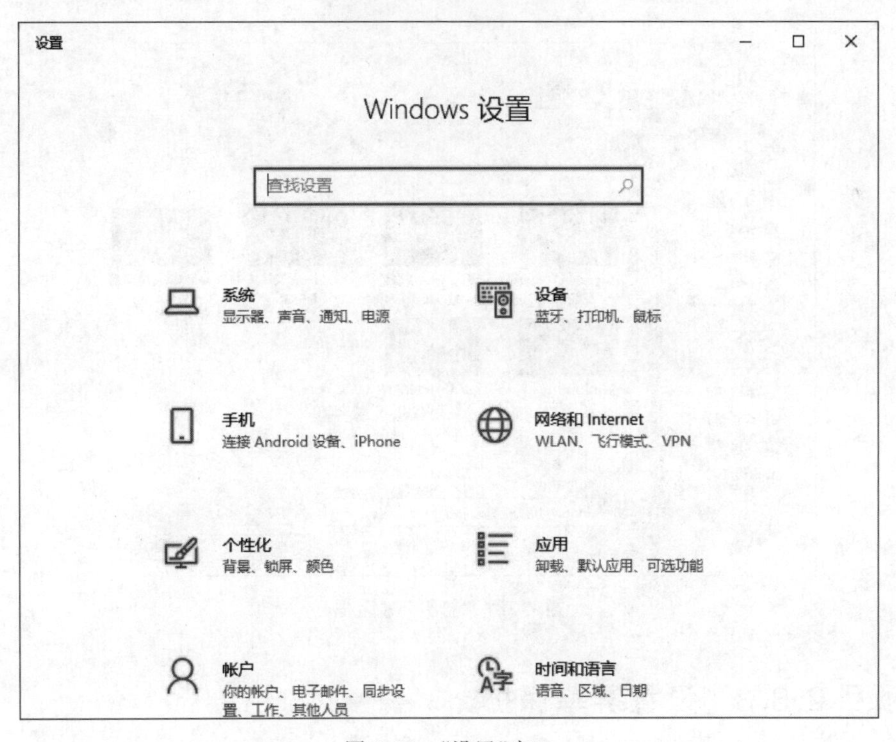

图 2-36 "设置"窗口

步骤 3:在打开的"设置"窗口的"个性化"栏中选择"背景"选项,在左侧"背景"列表框中选择"图片"选项,单击"浏览"按钮,如图 2-37 所示。

步骤 4:在打开的"打开"对话框中找到"背景图片"文件夹并双击,选择所需图片,单击"选择图片"按钮,如图 2-38 所示。最后关闭"设置"窗口。

图 2-37 “设置”背景窗口

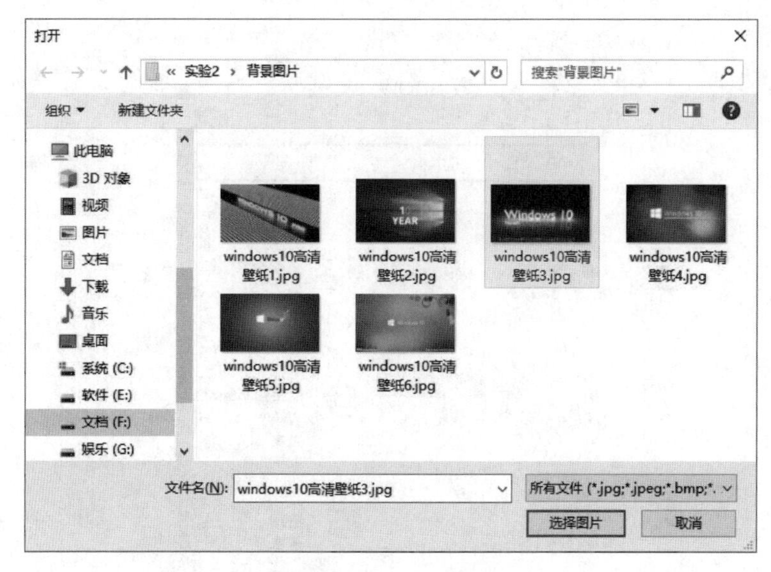

图 2-38 “打开”对话框

实验项目 2.3.3 设置屏幕保护

【任务描述】

设置屏幕保护“彩带”,等待时间为 5 分钟。

【操作提示】

步骤 1:在打开的“设置”对话框左侧“个性化”栏中选择“锁屏界面”选项,拖动右侧的滚动条,找到并单击“屏幕保护程序设置”,如图 2-39 所示。

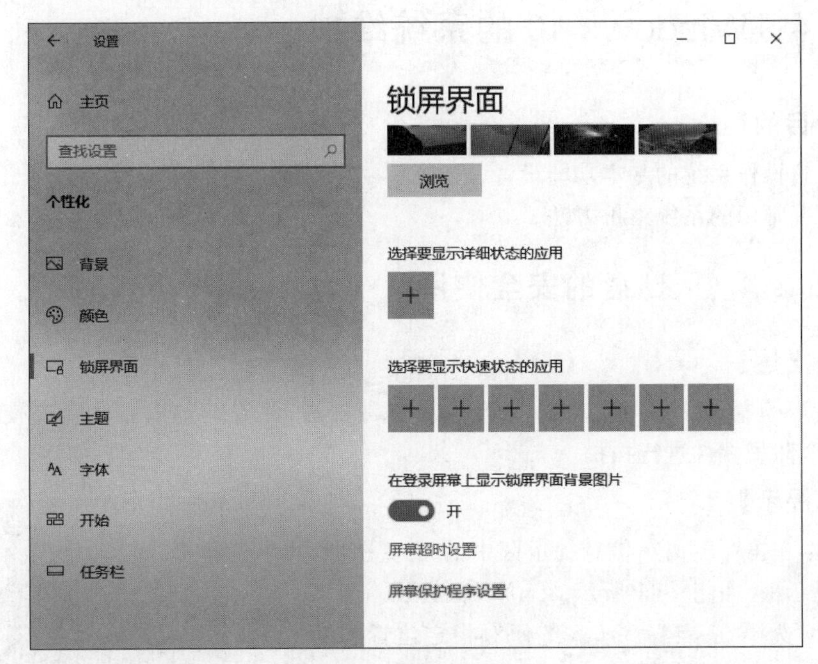

图 2-39 “锁屏界面”界面

步骤 2:在打开的“屏幕保护程序设置”对话框的“屏幕保护程序”下拉列表中选择“彩带”选项,“等待”时间设置为 5 分钟,单击“确定”按钮,如图 2-40 所示。

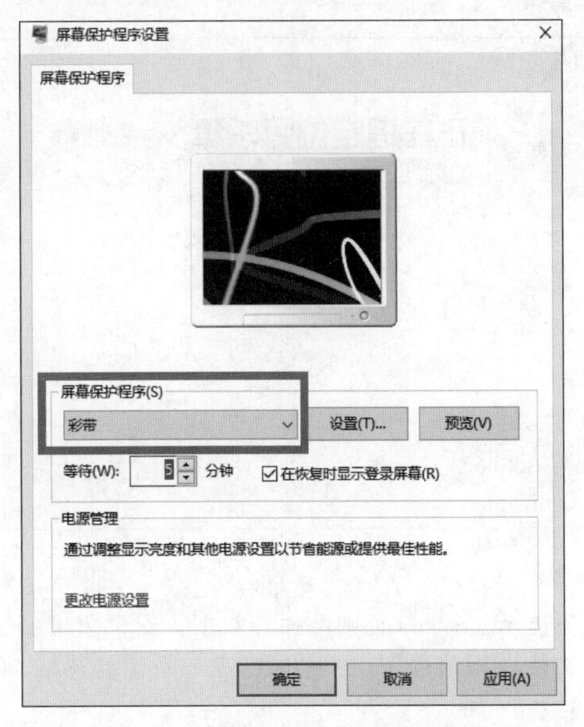

图 2-40 “屏幕保护程序设置”对话框

实验 2.4 Windows 10 的系统维护

【实验目的】

(1) 理解操作系统的基本功能设置。

(2) 掌握常用的系统维护方法。

实验项目 2.4.1 U 盘的安全使用

【任务描述】

(1) 将 U 盘插入 USB 接口,对 U 盘进行查毒扫描,并安全退出。U 盘在使用前须杀毒,使用安全防护软件进行扫描。

【操作提示】

步骤 1:单击"任务栏"信息提示区中的 U 盘图标,弹出信息提示框,如图 2-41 所示。

步骤 2:选择"杀毒"命令,系统便对指定位置的 U 盘进行病毒"扫描"检查,如图 2-42 所示。

步骤 3:扫描完成无风险项,如图 2-43 所示,说明 U 盘可放心使用,如果有风险项存在,则需要杀毒处理方可使用。

图 2-41 "U 盘"图标的信息提示框

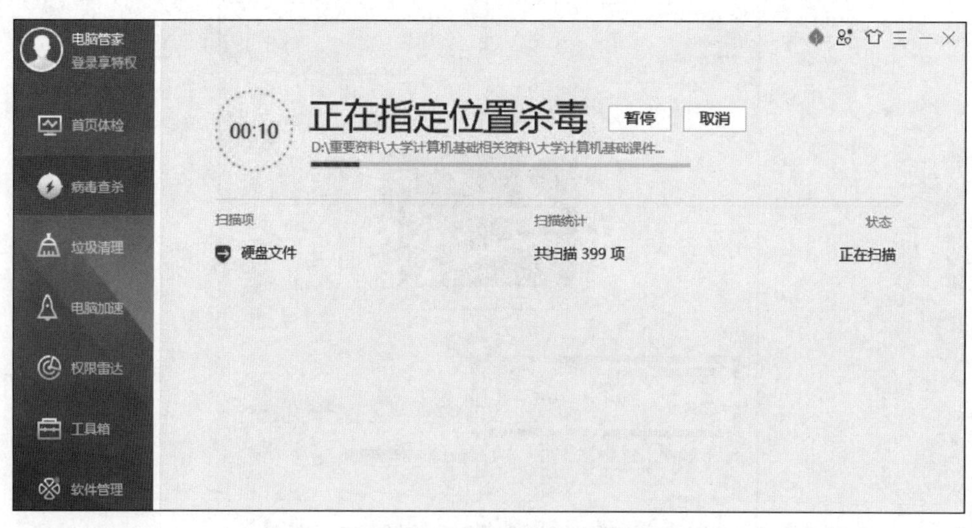

图 2-42 对 U 盘进行杀毒扫描

(2) U 盘使用后不能随意拔出,否则会损坏数据。安全拔出 U 盘前,要先关闭文件的传输,退出被 U 盘文件占用的程序,再退出 U 盘与系统的连接,最后,拔出 U 盘步骤如下:

步骤 1:单击"任务栏"信息提示区中的 U 盘图标,弹出其信息提示框。

图 2-43 扫描完成无风险项

步骤 2：选择“安全退出”命令，立即弹出“已安全退出”提示信息，如图 2-44 所示。

图 2-44 拔出 U 盘前的提示信息

步骤 3：拔出 U 盘。

实验项目 2.4.2 磁盘清理

【任务描述】

通过运行磁盘清理程序，清空回收站、删除临时文件和不再使用的文件、卸载不再使用的软件等，以达到回收磁盘存储空间的目的。

【操作提示】

步骤 1：在系统桌面上单击屏幕左下角的“开始”按钮，在其打开的所有程序列表中选择“Windows 管理工具”命令，在展开的子菜单中选择“磁盘清理”子命令，如图 2-45 所示。

步骤 2：在弹出的“磁盘清理：驱动器选择”对话框中单击“驱动器”下拉按钮，在弹出的下拉列表中选择准备清理的驱动器，如选择 G 盘(根据实际分区选择)，单击“确定”按钮，如图 2-46 所示。

步骤 3：弹出“(G:)的磁盘清理”对话框，在“要删除的文件”区域中选中准备删除文件的复选框和“回收站”复选框，单击“确定”按钮，如图 2-47 所示。

步骤 4：在弹出的“磁盘清理”对话框中单击“删除文件”按钮即可完成磁盘清理的操作，如图 2-48 所示。

图 2-45 选择"磁盘清理"子命令

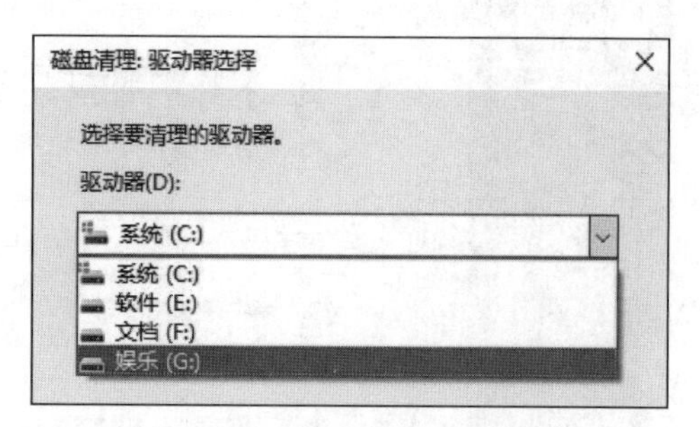

图 2-46 选择准备清理的磁盘

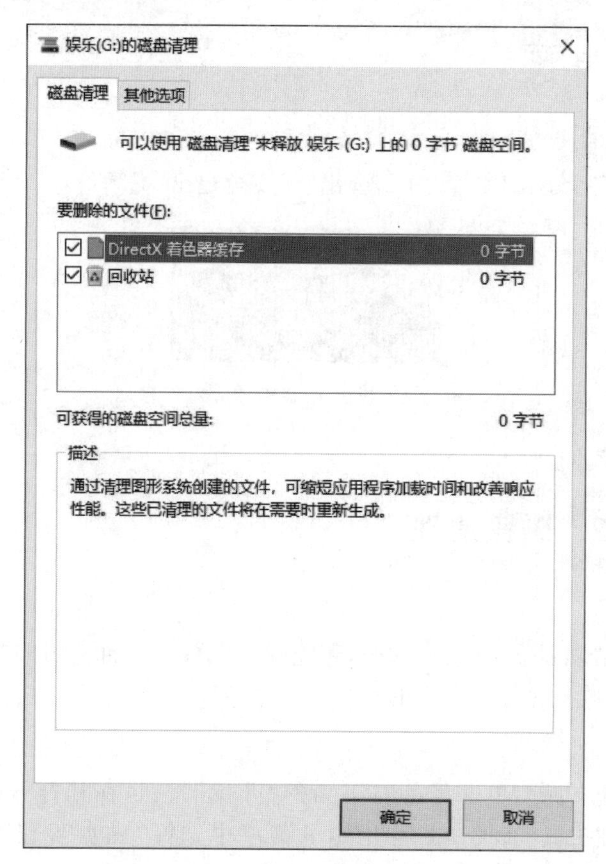

图 2-47 选择要删除的文件

图 2-48 单击"删除文件"按钮

实验项目2.4.3 整理磁盘碎片

【任务描述】

定期整理磁盘碎片可以保证文件的完整性,从而提高电脑读取文件的速度。

【操作提示】

步骤1:在系统桌面上单击屏幕左下角的“开始”按钮,在其打开的所有程序列表中选择“Windows管理工具”命令,在展开的子菜单中选择“碎片整理和优化驱动器”命令,如图2-49所示。

步骤2:在弹出的“优化驱动器”窗口的“状态”列表框中单击准备整理的磁盘,如F盘,单击“优化”按钮,如图2-50所示。

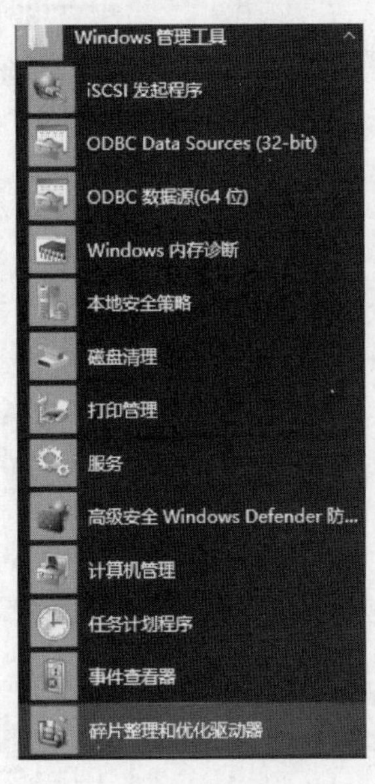

图2-49 选择碎片整理子命令

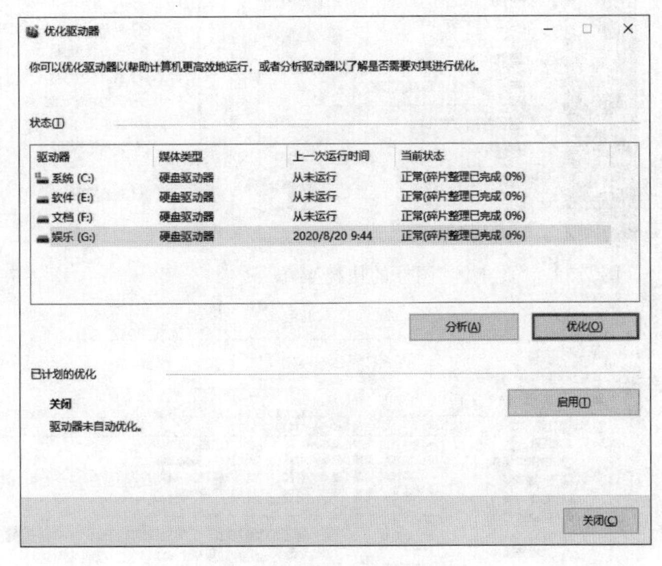

图2-50 单击“优化”按钮

步骤3:碎片整理结束,单击“关闭”按钮关闭“优化驱动器”窗口完成整理磁盘碎片操作。

实验项目2.4.4 磁盘信息浏览

【任务描述】

浏览并记录当前计算机系统中磁盘的分区信息,将其填到如图2-51所示的表格中。

【操作提示】

步骤1:右击桌面上的“此电脑”图标,弹出其快捷菜单,如图2-52所示。

步骤2:选择“管理”命令,打开“计算机管理”窗口一,如图2-53所示。

步骤3:在左窗格单击“磁盘管理”命令,打开“计算机管理”窗口二,如图2-54所示,将中间窗格的磁盘分区信息填入图2-51所示表格中。

<table>
<tr><th colspan="2">存储器</th><th>盘符</th><th>文件系统类型</th><th>空闲空间</th></tr>
<tr><td rowspan="4">磁盘0</td><td>主分区</td><td></td><td></td><td></td></tr>
<tr><td rowspan="3">扩展分区</td><td></td><td></td><td></td></tr>
<tr><td></td><td></td><td></td></tr>
<tr><td></td><td></td><td></td></tr>
<tr><td colspan="2">DVD/CD-ROM</td><td></td><td></td><td></td></tr>
</table>

图 2-51 磁盘信息分区表

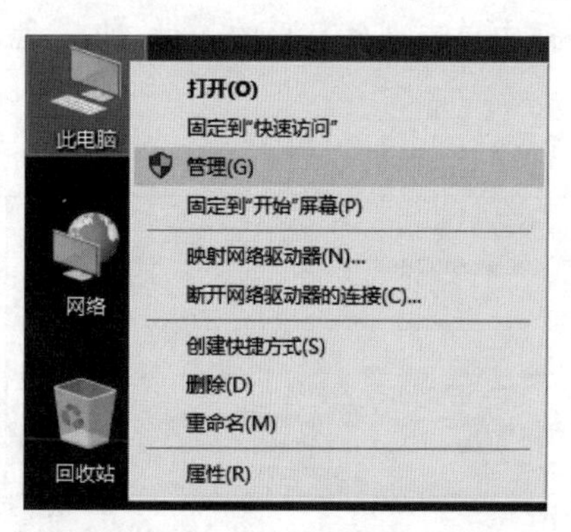

图 2-52 "此电脑"图标的快捷菜单

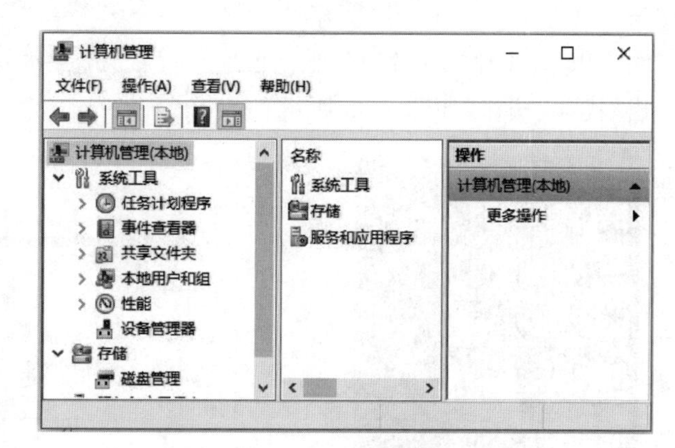

图 2-53 "计算机管理"窗口一

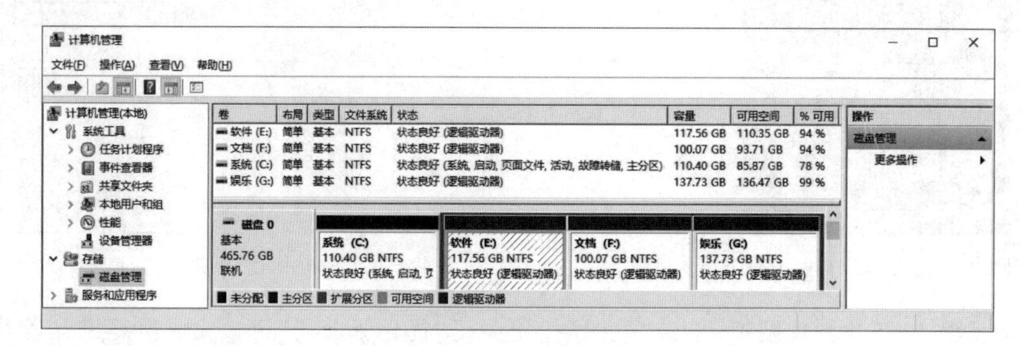

图 2-54 "计算机管理"窗口二

实验项目 2.4.5 设备管理信息查询

【任务描述】

进入设备管理界面,填写下列信息。

(1) 计算机的型号:(　　)。

(2) 处理器的型号:(　　)。

(3) 显示适配器的型号:(　　)。

(4) 磁盘驱动器的型号:(　　)。

(5) 网络适配器的型号:(　　)。

（6）DVD/CD-ROM 驱动器的型号：（ ）。

【操作提示】

步骤 1：在“计算机管理”窗口的左侧窗格中选择“设备管理器”选项，进入设备管理界面，如图 2-55 所示。

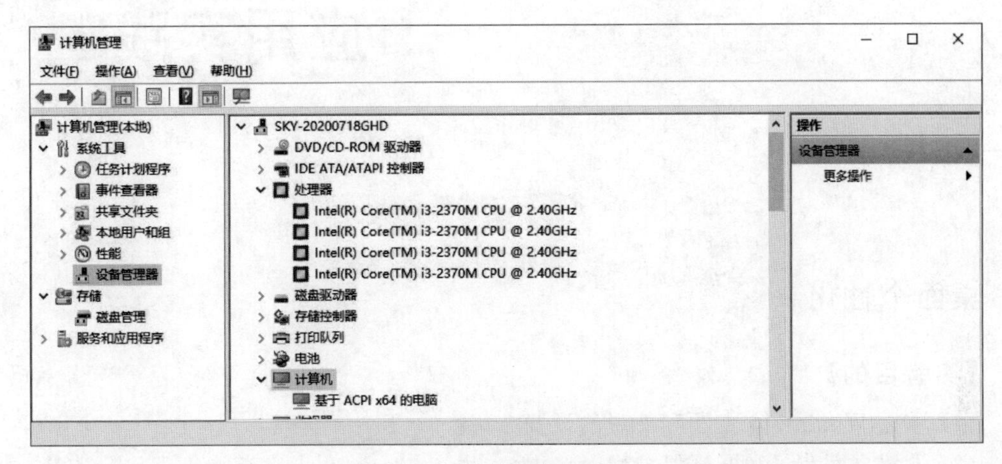

图 2-55 “计算机管理”窗口三

步骤 2：在中间窗格中选择某选项，即可查看到相应设备的型号。

应用实践2

1. 桌面个性化

【实验目的】

(1) 掌握 Window10 主题和外观的设置方法。

(2) 设置桌面背景和屏幕保护程序。

【任务描述】

介绍了个性化设置,包括桌面、主题等元素的个性化设置,掌握个性化桌面的设置方法等。

【任务实践】

(1) 在个性化设置中,设置一种主题。

(2) 在个性化设置中,自定义设置"开始菜单","任务栏"一种颜色。

(3) 选择一张系统自带图片作为背景,也可以选择本机其他图片作为背景。

(4) 设置屏幕保护程序"彩带",等待时间 10 分钟。

(5) 屏幕分辨率设置为 1440×900。

(6) 设置两个虚拟桌面。

【操作提示】

(1) 设置主题:选择一种主题,可以在"微软商店"中下载更多主题,选择某个主题后,桌面背景会自动轮换,如图 2-56 所示。

(2) 设置屏幕分辨率:显示分辨率就是屏幕上显示的像素个数,分辨率 160×128 的意思是水平方向含有像素数为 160,垂直方向像素数 128。屏幕尺寸一样的情况下,分辨率越高,显示效果就越精细和细腻,如图 2-57 所示。

2. Windows 的文件管理

【实验目标】

(1) 掌握文件和文件夹的新建、移动、删除、重命名。

(2) 搜索文件和文件夹。

图 2-56　设置主题

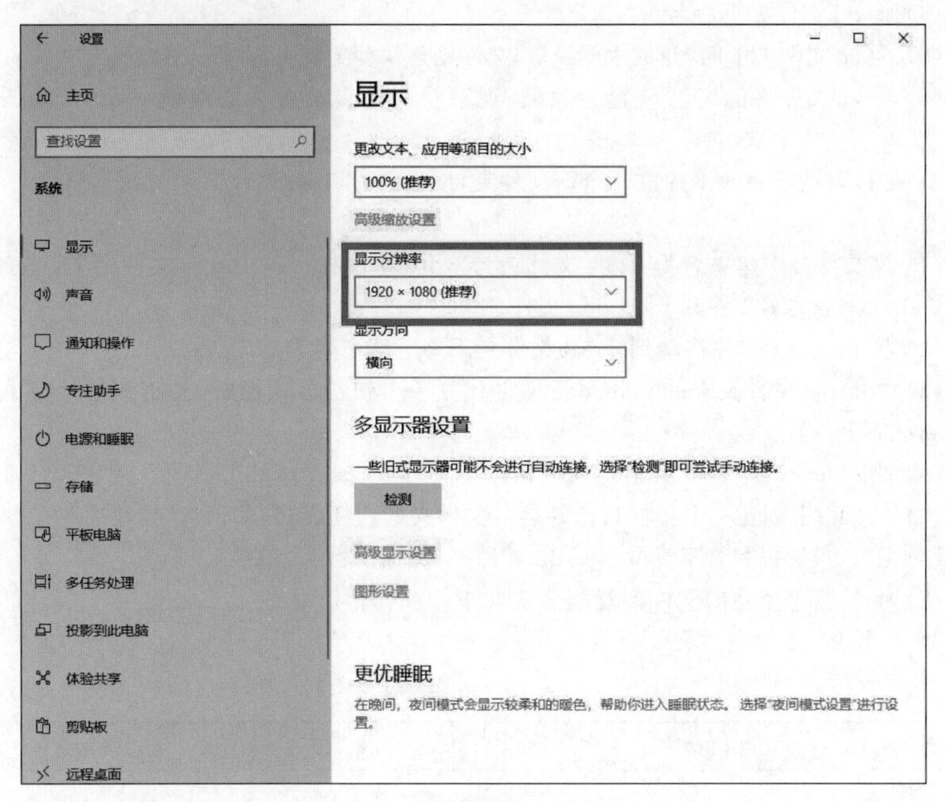

图 2-57　设置屏幕分辨率

(3) 设置文件和文件夹的属性。

(4) 文件的扩展名。

【任务描述】

文件管理在 Windows 的使用中,占了很重要的位置,系统中所有的数据信息都已文件的形式存储,本实训涉及文件的管理使用。

【任务实践】

1) 在 D 盘根目录下创建文件夹,结构如图 2-58 所示

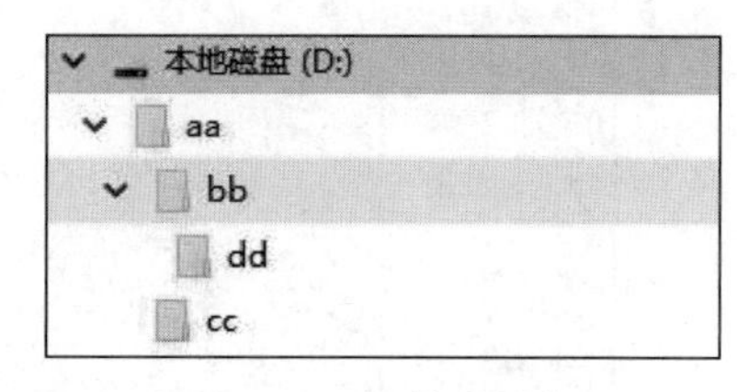

图 2-58 文件夹结构

创建一个文本文档,以“我的大学. txt”为文件名保存在 aa 文件夹中。

要求:

(1) 文档中输入如下文字:“学校名称:中山大学南方学院,学校地址:广州从化温泉镇 邮编:510655”。

(2) 将“开始”菜单以图片形式保存在 dd 文件夹(使用系统自带的“画图”程序,截图)中,命名为“开始. jpg”。

(3) 搜索 C 盘中后缀名为. txt 且文件大小不超过 10KB 的文件,复制其中两个文件到 bb 文件夹下。

(4) 将 dd 文件夹重命名为“PIC”。

(5) 为 cc 文件夹中的“我的大学. txt”文件创建快捷方式。

(6) 将 cc 文件夹的属性设置为隐藏,观察将文件夹设置为隐藏前、后文件夹图标的不同。

2) 在 D 盘的根目录下建立一个新文件夹,以自己姓名命名

要求:

(1) 该文件夹中建立名为 brow 文件夹与 word 文件夹,并在 brow 文件夹下,建立一个名为 bub. txt 空文本文件和 teap. doc 文件。

(2) 将 bub. txt 文件移动到 word 文件夹下并重新命名为 best. txt。

(3) 为 brow 文件夹下的 teap. doc 文件建立一个快捷方式图标,并将该快捷方式图标移动到桌面上。

(4) 删除 brow 文件夹,并清空回收站。

(5) 在桌面上创建一个指向自己姓名的文件夹的快捷方式,命名为“校校通”。

(6) 在 E 盘的根目录下建立 Mysub 文件夹,文件属性为“隐藏”。

(7) 将 D 盘下所建的文件夹复制至 E 盘下,改名为“校校通”。

3) 写出表 2-1 对应的文件类型

表 2-1 文件类型

扩展名	文件类型含义	扩展名	文件类型含义
. com		. zip	
. sys		. rar	
. docx		. jpg	

续表

扩展名	文件类型含义	扩展名	文件类型含义
.txt		.gif	
.xlsx		.mp3	
.html		.mp4	
.exe		.avi	
.dll		.pptx	
.wav		.wma	

3. Windows的程序安装及卸载

【实验目的】

(1) 掌握应用程序的安装、卸载。

(2) 掌握启动、退出应用程序方法。

【任务描述】

人们常常需要用到各种功能多样的软件，对软件安装、使用、卸载，用户要进行合理的分配管理。

【任务实践】

(1) 浏览器打开微信官网，安装“Windows版微信”，如图2-59所示。

图2-59 微信官网

(2) 下载“Windows版微信”安装文件到D盘根目录。

(3) 安装路径 E:\微信。

(4) 通过Window10程序管理，卸载已安装的微信。

【操作提示】

(1) 在网络下载的文件,安装的文件路径,默认都设置为C盘,安装的过程中,要合理设置软件安装的路径,分配磁盘资源。

(2) 安装软件会有安装向导,根据向导提示逐步设置,避免安装多余的广告、捆绑软件,如图2-60所示。

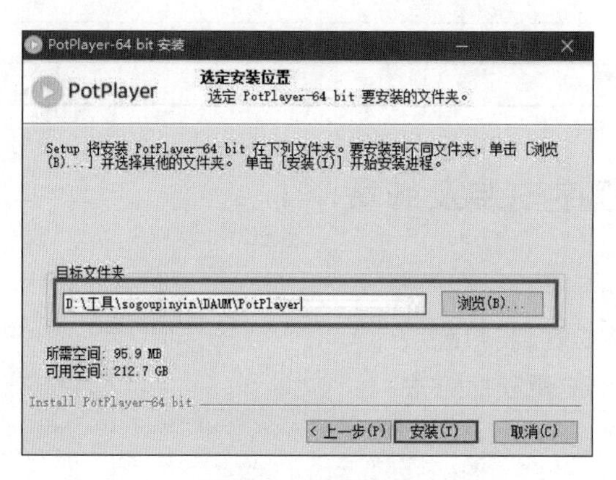

图2-60 安装路径

(3) 单击"浏览"按钮可以更改软件安装路径。

(4) 卸载程序或软件:可以通过Windows自带的程序管理,"应用和功能",或者通过该软件自带的卸载程序进行卸载,如图2-61所示。

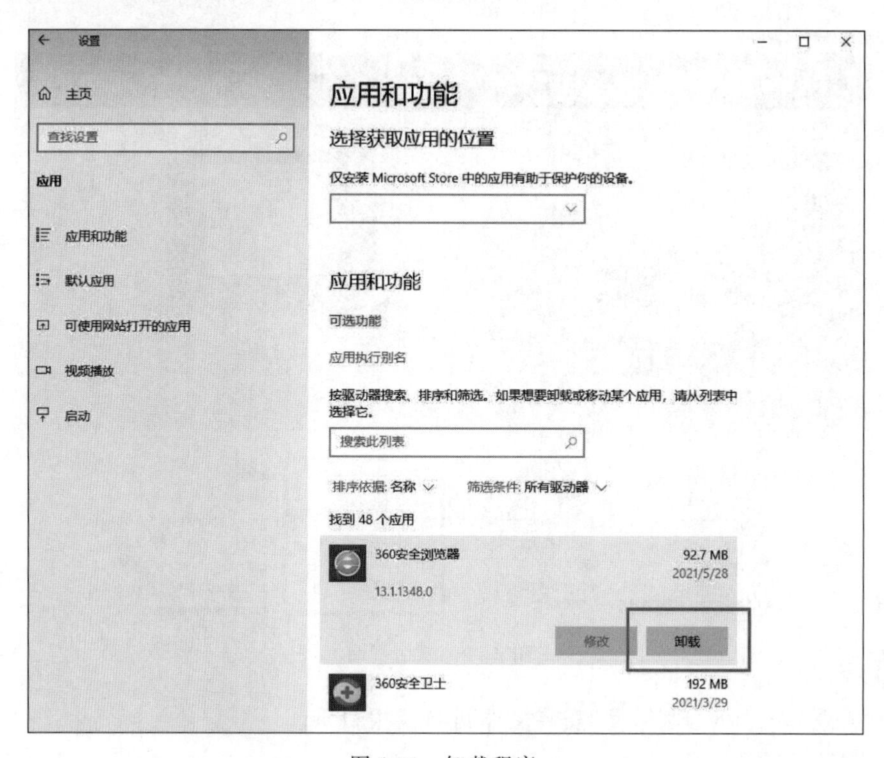

图2-61 卸载程序

实验 3 Word 2016 文字处理软件

实验 3.1　Word 2016 的基本操作和排版

【实验目的】

(1) 掌握 Word 文档的建立、保存与打开。

(2) 掌握 Word 文档的基本编辑。

(3) 掌握 Word 文档的字符格式、段落格式的设置。

(4) 掌握 Word 插入符号的操作、文档的查找与替换。

实验项目 3.1.1　制作自荐信

【任务描述】

进入"实验 3.1"文件夹，打开"自荐书_文字素材"文档，按如下要求设置后，效果样例如图 3-1 所示。

(1) 标题为华文行楷、二号、加粗、居中，段后 1.5 行。

(2) 正文和落款设置为楷体、小四号、加粗，左右各缩进 0.5 字符，首行缩进 2 字符，1.5 倍行距。

(3) 插入符号"☎"如样张所在位置。

(4) 落款距正文 2 行，落款和日期右对齐。

(5) 使用查找与替换功能，将文本"自荐书"替换为"自荐信"。

【操作提示】

打开"自荐书_文字素材"文档。

(1) 标题段设置。

步骤 1：选中标题文字，在"开始"选项卡的"字体"组中分别单击"字体"、"字号"和"加粗"按钮将文字设置为华文行楷、二号、加粗，如图 3-2 所示。

步骤 2：切换至"段落"组，单击"居中"按钮。

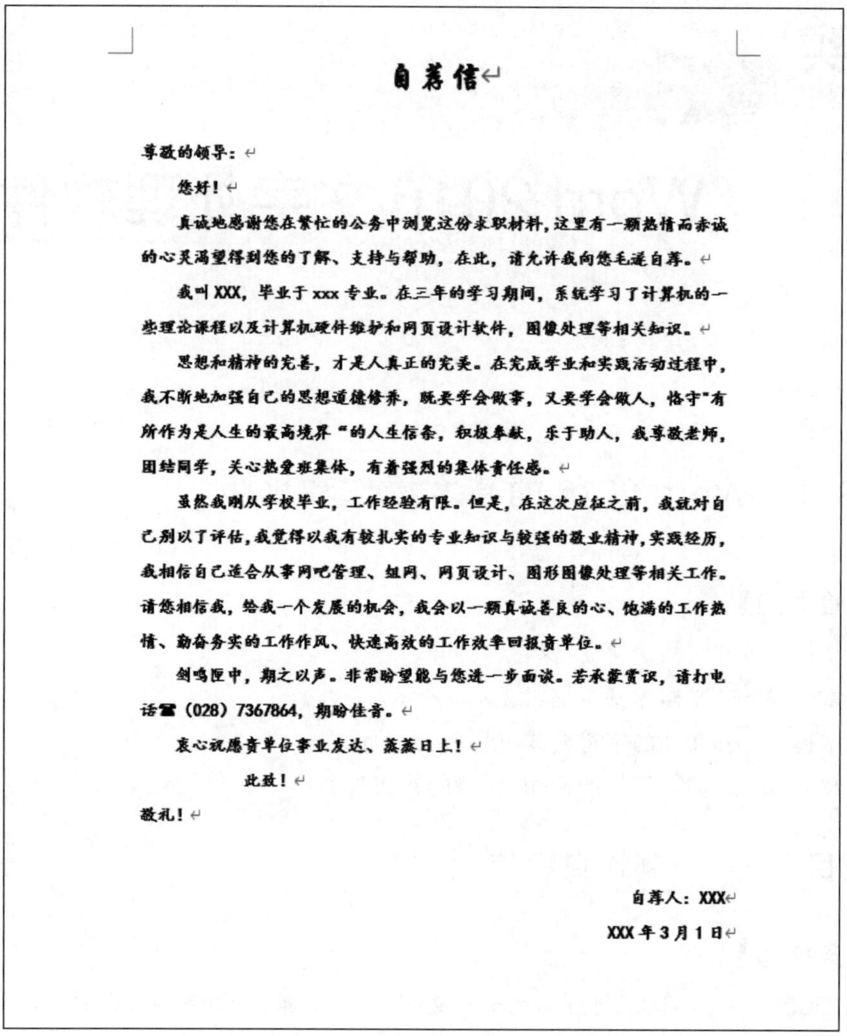

自荐信

尊敬的领导：

您好！

真诚地感谢您在繁忙的公务中浏览这份求职材料,这里有一颗热情而赤诚的心灵渴望得到您的了解、支持与帮助,在此,请允许我向您毛遂自荐。

我叫XXX,毕业于xxx专业。在三年的学习期间,系统学习了计算机的一些理论课程以及计算机硬件维护和网页设计软件,图像处理等相关知识。

思想和精神的完善,才是人真正的完美。在完成学业和实践活动过程中,我不断地加强自己的思想道德修养,既要学会做事,又要学会做人,恪守"有所作为是人生的最高境界"的人生信条,积极奉献,乐于助人,我尊敬老师,团结同学,关心热爱班集体,有着强烈的集体责任感。

虽然我刚从学校毕业,工作经验有限。但是,在这次应征之前,我就对自己别以了评估,我觉得以我有较扎实的专业知识与较强的敬业精神,实践经历,我相信自己适合从事网吧管理、组网、网页设计、图形图像处理等相关工作。请您相信我,给我一个发展的机会,我会以一颗真诚善良的心、饱满的工作热情、勤奋务实的工作作风、快速高效的工作效率回报贵单位。

剑鸣匣中,期之以声。非常盼望能与您进一步面谈。若承蒙赏识,请打电话☎(028)7367864,期盼佳音。

衷心祝愿贵单位事业发达、蒸蒸日上！

此致！

敬礼！

自荐人：XXX

XXX年3月1日

图 3-1 自荐书样例

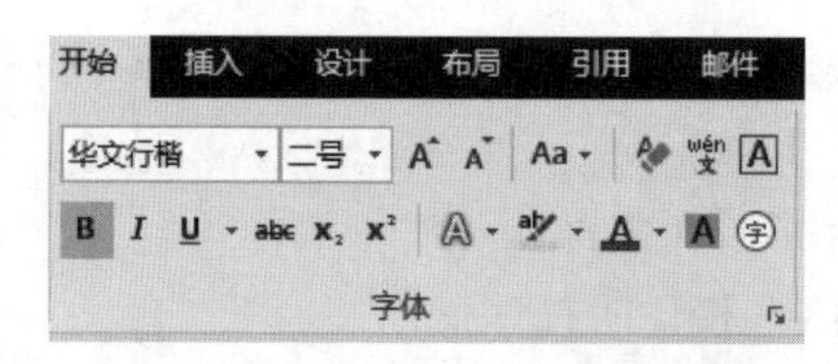

图 3-2 设置标题文字的字体字号

步骤 3：单击"段落"按钮打开段落对话框,设置"段后"间距为 1.5 行。单击"确定"按钮关闭对话框,如图 3-3 所示。

(2) 正文、落款和日期的设置。

步骤 1：选中正文、落款和日期文字。在"开始"选项卡的"字体"组中单击"字体""字号""加粗"按钮,设置为楷体、小四号和加粗。

步骤 2：切换至"开始"选项卡的"段落"组,单击"段落"按钮打开"段落"对话框,在"缩进”栏，将“左侧”“右侧”分别调整至 0.5 字符，在“特殊”下拉列表框中选择“首行”“2 字符”；在“间距”栏的“行距”下拉列表框选择“1.5 倍行距”，然后单击“确定”按钮关闭对话框，如图 3-4 所示。

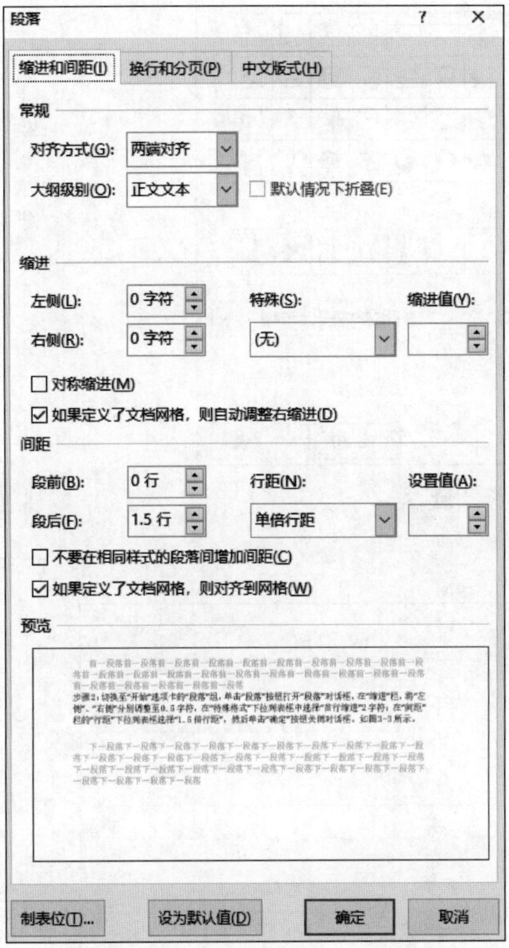

图 3-3 标题文字的段落设置

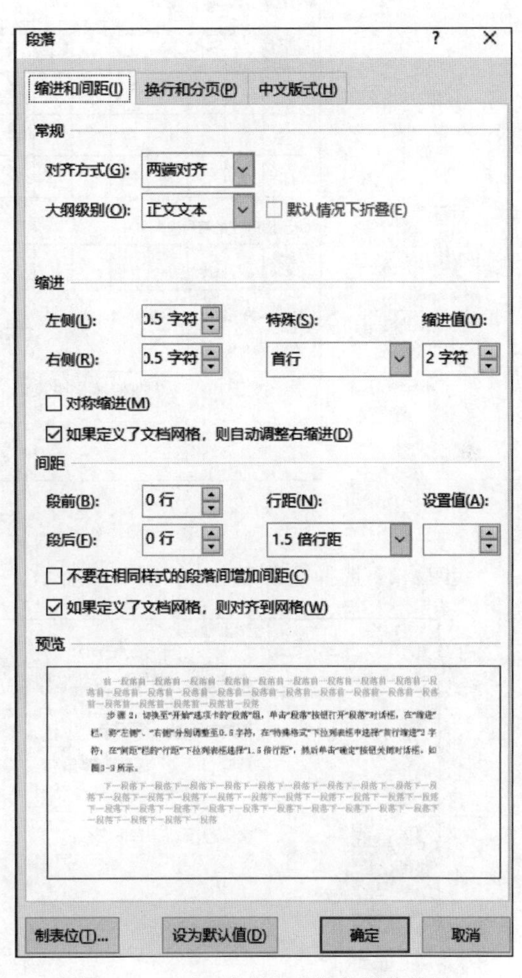

图 3-4 正文、落款和日期的段落设置

(3) 落款和日期的设置。

步骤 1：选中落款，在“段落对话框”中将“段前”间距设置为 2 行。

步骤 2：选中落款和日期，在“开始”选项卡的“段落”组中单击“右对齐”按钮，使其右对齐。

(4) 插入符号“☎”

步骤 1：选择插入选项卡，找到“符号”→“其他符号”，如图 3-5 所示。

步骤 2：选择字体为 Wingdings，并在其中选择“☎”符号，如图 3-6 所示。

(5)“自荐书”替换为“自荐信”。

步骤 1：选择开始选项中，最右侧替换功能。

图 3-5 其他符号

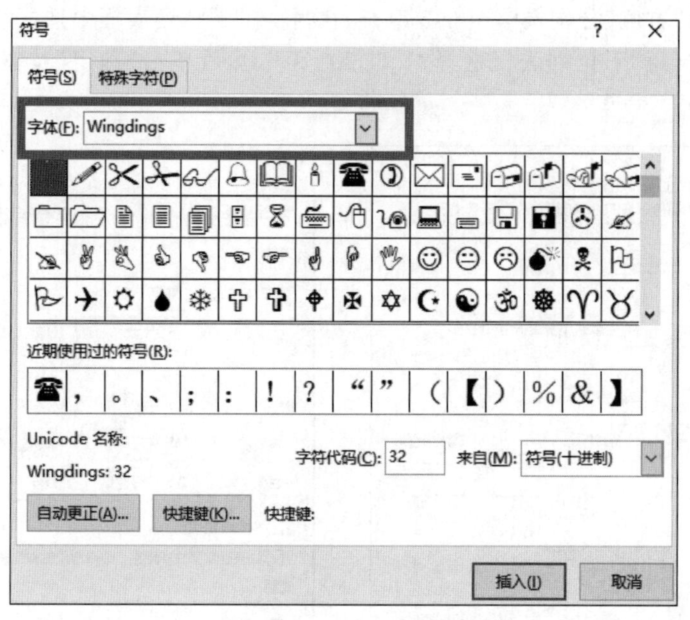

图 3-6　选择符号☎

步骤 2：选择全部替换，如图 3-7 所示。

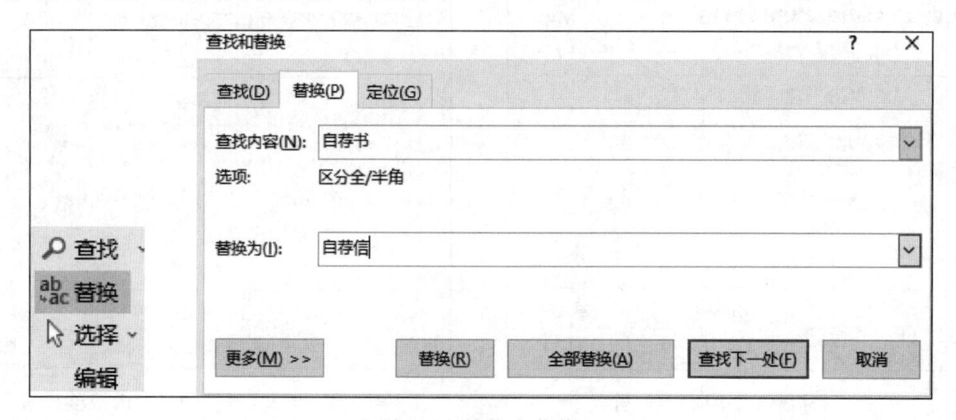

图 3-7　替换自荐信

实验项目 3.1.2　制作简报

【任务描述】

打开“简报_文字素材”文档，按如下要求设置后，简报样例如图 3-8 所示。

（1）标题设置字体华文琥珀，小二，红色，居中对齐。

（2）标题文字设置“阴影”边框，线型为三磅，黑色。

（3）正文和落款字体设置为仿宋、小四；段落首行缩进 2 字符，行距 18 磅；标题和正文间距 2 行，落款和日期设置为右对齐，据正文间距 2 行。

（4）第 2 段为双曲线边框。

（5）正文第 3、4 段加项目符号。

工商管理系团总支会议简报

x 月 xx 日晚 19:30 分，工商管理系党支部团总支学生会“三家一体”例会在工商管理系办公室召开，计划开展近期工作。会议由工商管理系辅导员杨波主持，系党支部书记尹耀民列席会议，学生党支部、系团总支及学生会主要干部参加例会。会上由尹书记对我系近期工作进行总结和了解，并对后期工作进行指导安排，工商管理系辅导员杨波老师做重要工作部署。

尹书记指出：“维稳工作是同学正常健康学习的保障”，今年是青海大学学风建设年，特别要求校园拥有一个正常安全稳定的学习环境，要求各班信息员要及时有效地向上反馈班级动态信息。针对近期发生的校园安全问题，尹书记呼吁全体团员保持校园安全，维护校园稳定，同时积极响应学校学习校纪校规倡议，加强自身生命财产安全。尹书记的指示帮助我们明确了近期工作的重点，为学生工作与活动的开展指明了方向。

- 尹书记还对我系的学生工作特色建设提出规划，希望在本年度开展以教育引导为主题的宣传教育系列活动，主要分为三个章节：励志篇、成才篇和警示篇。通过此次活动，使得我系乃至我院的学生树立正确的校园学习生活观念。
- 系辅导员杨波老师为学生会近期工作的开展做详细部署，继续强调督促各班上晚自习，通过晚自习提高我系的学习氛围。杨波老师对我系学生会改选作出总体规划，引导学生干部积极开展工作，要求换届选举要公开透明。

最后，学生党支部、团总支及学生会成员积极的讨论关于本学期其他工作，就如何开展建团九十周年，“学风建设”下基层，学习雷锋活动三方面活动展开讨论。

本次会议在校开展“学风建设”的大环境下召开的，继我系上次“三家一体”会议之后的又一次具有重要指导意义性会议，全局部署了我系本学期的工作，对促进和谐、安定的校园氛围，建设积极、向上的学习环境提供了大的方向，进一步体现了以党建带团建，以党团建设带动学风建设，以党团创新带动学风创新。

工商管理学生会公告

20xx 年 4 月 13 日

图 3-8　简报样例

(6) 第 5 段设置黄色底纹。

(7) 设置页面边框为艺术型☆。

【操作提示】

打开“简报_文字素材”文档。

(1) 标题设置边框。

步骤 1：选中标题文字，然后在“段落”选项卡中打开“边框和底纹”，如图 3-9 所示。

步骤 2：在“边框”中选择“阴影”，然后将“宽度”设为 3.0 磅，如图 3-10 所示，再将颜色设为黑色。

(2) 正文和落款的设置。

步骤 1：选中正文和落款文字，然后在“开始”选项卡中将字体设置为仿宋、小四，如图 3-11 所示。

步骤 2：选中第一段文本设置段前间隔 2 行，如图 3-12 所示。

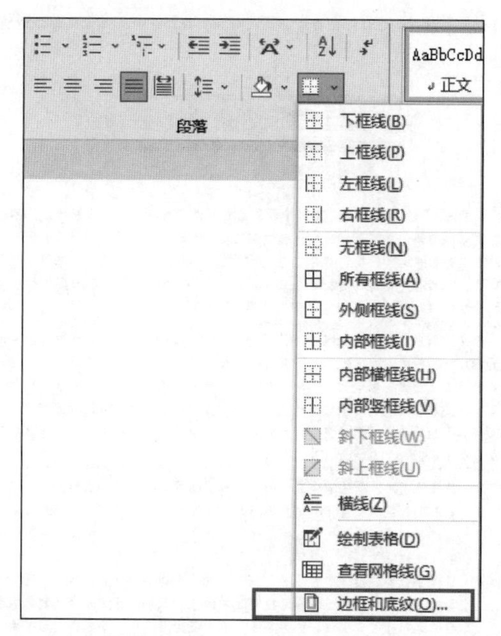

图 3-9 边框和底纹

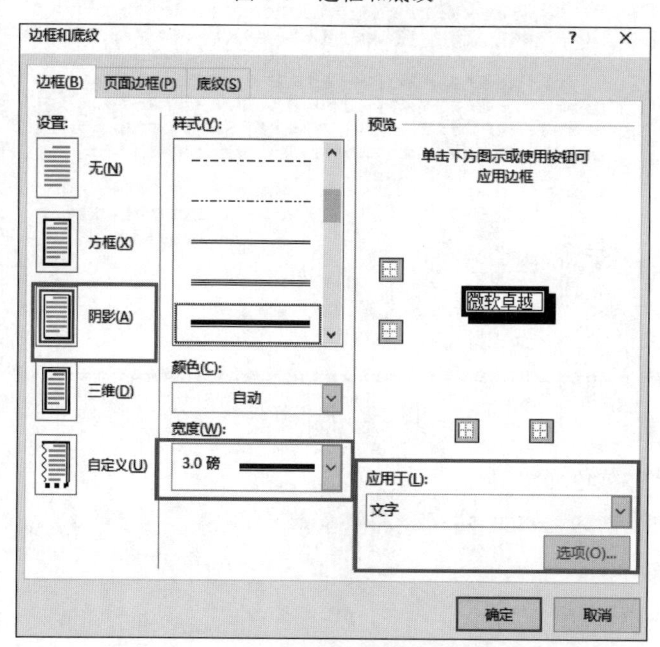

图 3-10 设置边框

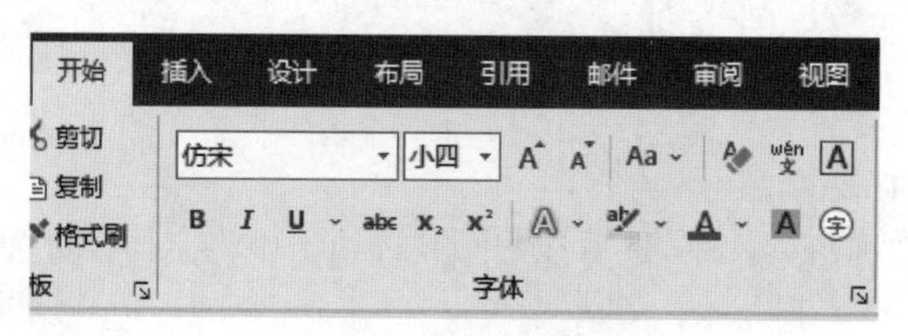

图 3-11 字体格式

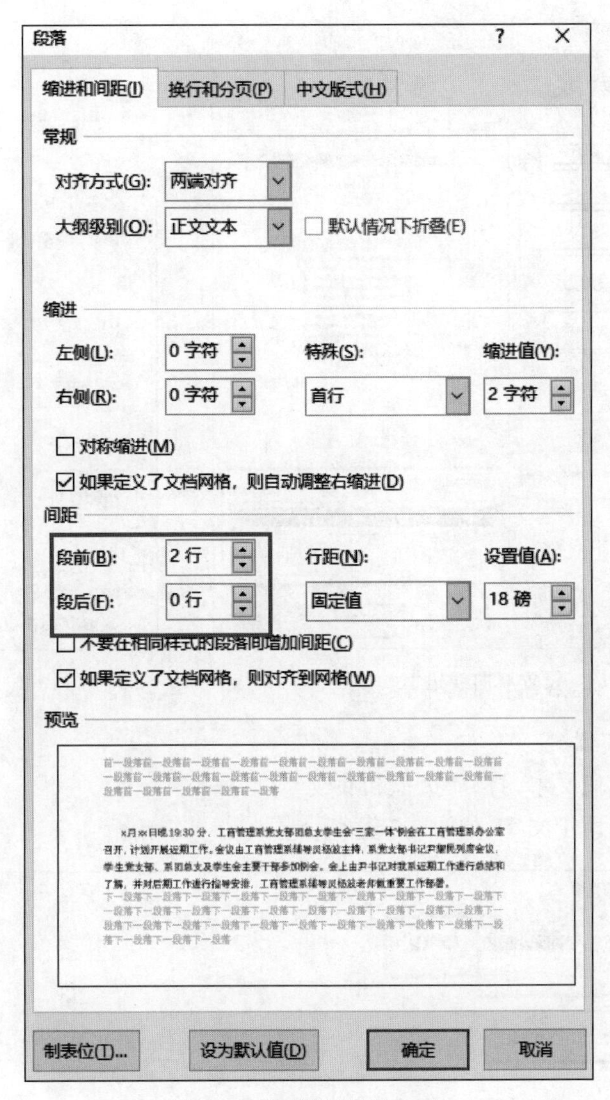

图 3-12 设置段前间隔 2 行

步骤 3：确认选中正文和落款，切换至“开始”选项卡的“段落”组中单击“段落”按钮打开“段落”对话框，在“缩进和间距”选项卡下的“缩进”栏中单击“特殊”下拉按钮选择“首行”“2字符”，在“间距”栏中单击“行距”下拉按钮选择“固定值”选项，将其右边的“设置值”调整为18 磅即可，如图 3-12 所示。

(3) 双曲线边框。

步骤 1：选择第 2 段文本，打开边框和底纹功能，选择双曲线，设置应用为段落，如图 3-13 所示。

步骤 2：单击“确定”按钮关闭对话框。

(4) 项目符号。

步骤 1：项目符号或者是编号是以段落为单位，所以，选中正文第 3、4 段。

步骤 2：选中段落选项卡项目符号功能→选中相应符号，如图 3-14 所示。

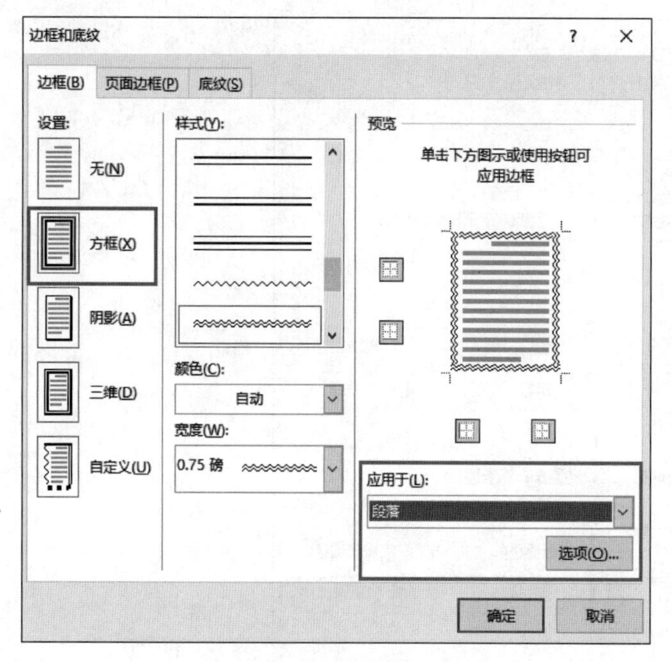

图 3-13 设置双曲线边框

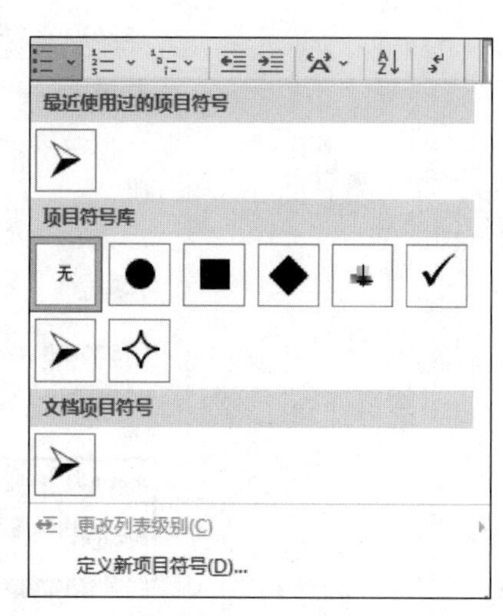

图 3-14 项目符号

(5) 设置文字底纹。

步骤 1：选中该段文本，打开“边框和底纹”对话框。

步骤 2：设置应用于文字，如图 3-15 所示。

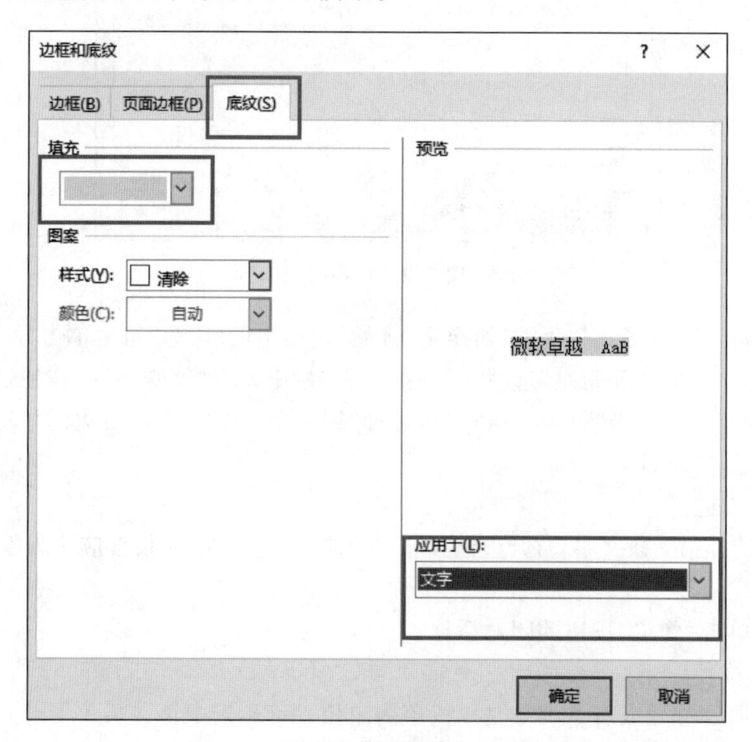

图 3-15 设置底纹

(6) 艺术型页面边框。

步骤：边框和底纹功能中，切换至“页面边框”选项卡，在“艺术型”下拉列表框中选择所需符号，在“应用于”下拉列表框中选择“整篇文档”选项，然后单击“确定”按钮，如图 3-16 所示。

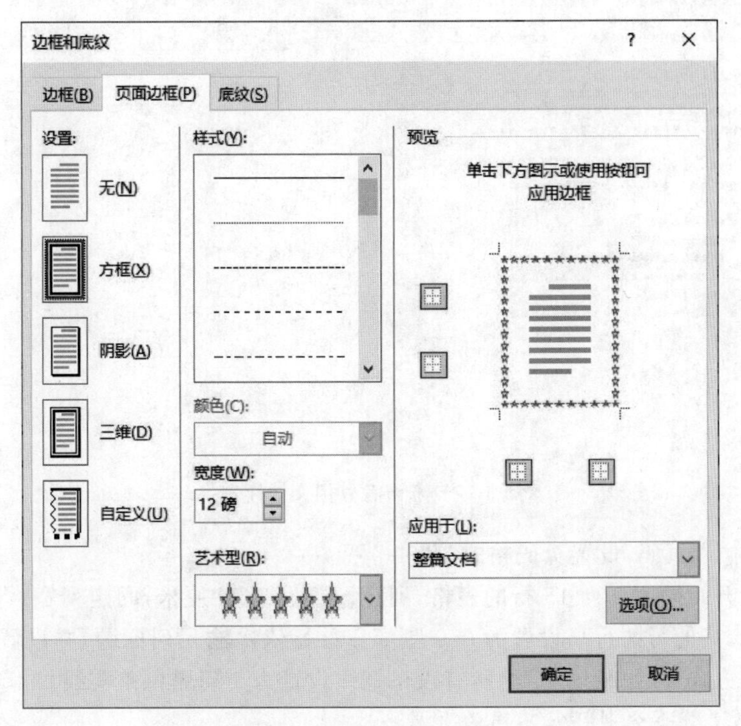

图 3-16 设置艺术型页面边框

实验项目 3.1.3 制作来访者登记文档

【任务描述】

打开“来访者登记文档_文字素材”文档，按以下要求设置，如图 3-17 所示。

1. 文档第 1 页设置要求

(1) 标题：楷体、小一号、加粗、居中；加红色双波浪下画线；距正文 1 行。

(2) 正文和落款：华为楷体、四号、加粗；行距 25 磅；落款距正文 2 行；落款和日期右对齐。

(3) 为“来访人员需要登记以下内容……”至“装修施工人员……”之间的 7 段文字添加项目符号“♦”，并设置多级列表为 3 级。

(4) 设置正文的编号格式为“编号库”中的第 1 种。

2. 文档第 2 页设置要求

(1) 设置一个分节符，将第 2 页纸张设为 B5，纸张横向。

(2) 设置页边距：上下：3.1 厘米，左右 2.5 厘米。

(3) 文档第 1、2 页分别插入页眉“物业管理公司”和“来访人员门卫登记制度”，字体为华文楷体、小四号、加粗，前者左对齐，后者右对齐。

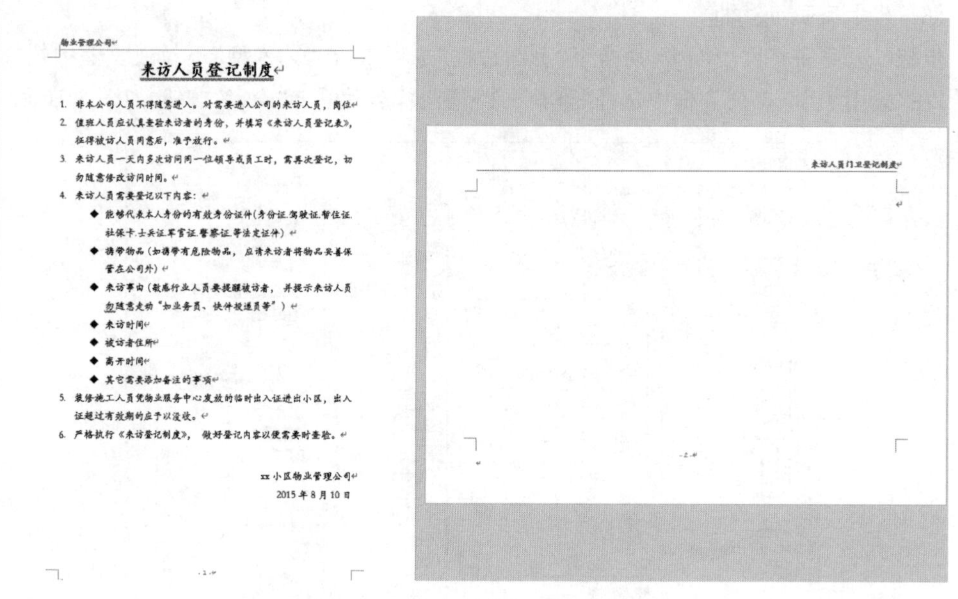
物业管理公司

来访人员登记制度

1. 非本公司人员不得随意进入。对需要进入公司的来访人员，岗位
2. 值班人员应认真查验来访者的身份，并填写《来访人员登记表》，征得被访人员同意后，准予放行。
3. 来访人员一天内多次访问同一位领导或员工时，需再次登记，切勿随意修改访问时间。
4. 来访人员需要登记以下内容：
    ◆ 能够代表本人身份的有效身份证件(身份证.驾驶证.暂住证.社保卡.士兵证.军官证.警察证.等法定证件)
    ◆ 携带物品（如携带有危险物品，应请来访者将物品妥善保管在公司外）
    ◆ 来访事由（敏感行业人员要提醒被访者，并提示来访人员勿随意走动“如业务员、快件投递员等”）
    ◆ 来访时间
    ◆ 被访者住所
    ◆ 离开时间
    ◆ 其它需要添加备注的事项
5. 装修施工人员凭物业服务中心发放的临时出入证进出小区，出入证超过有效期的应予以没收。
6. 严格执行《来访登记制度》，做好登记内容以便需要时查验。

xx小区物业管理公司
2015年8月10日

-1-

来访人员门卫登记制度

-2-

图 3-17　来访者登记文档样例

（4）页脚插入页码，设置页码格式为“-1-”。

从第4行开始插入9列15行的表格，列宽设置为2.78厘米，固定列宽；首行的行高设置为1.2厘米，其他行的行高设置为0.6厘米。首行依次输入列标题，并设置为楷体、小四号、加粗，对齐方式为“水平居中”。所有表格框线设置为1磅黑色单实线。

3. 文档第1、2页分别插入不同的页眉

【操作提示】

打开“来访者登记文档_文字素材”文档。

1. 文档第1页设置要求

（1）标题设置。

步骤1：选中标题文字，在“字体”组中将文字设置为楷体、小一号，并单击“B”按钮设置字体加粗；在“段落”组中，单击“居中”，设置标题居中。

步骤2：选中标题文字，单击“字体”按钮，然后在“下划线线型”下拉列表框中选择双波浪下划线，在“下划线颜色”下拉列表框中选择红色。然后单击“确定”按钮，如图3-18所示。

步骤3：选中标题文字被选中，在“段落”组中，打开“段落”对话框，切换至“缩进和间距”选项卡，在“间距”栏设置“段后”1行，单击“确定”按钮关闭对话框。

（2）正文、落款和日期设置。

步骤1：选中正文、落款和日期，在“字体”组单击“字体”和“字号”按钮，然后选择华文楷体、四号，并单击“加粗”按钮。

打开“段落”对话框，单击“行距”下拉按钮，选择“固定值”调整为25磅。

步骤2：选中落款，打开“段落”→“间距”，将“段前”调整为2行。

步骤3：选中落款和日期，然后在“段落”组中单击“右对齐”按钮。

（3）设置正文中的编号格式为“编号库”中的第1种。

选中正文中的段落，然后在“段落”组中单击“编号”下拉按钮，选中第1种编号格式，如

图 3-19 所示。

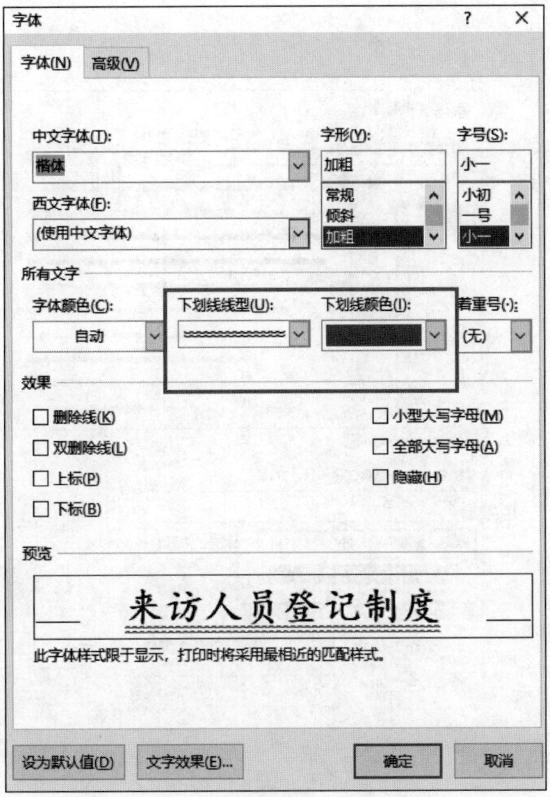

图 3-18 "字体"对话框

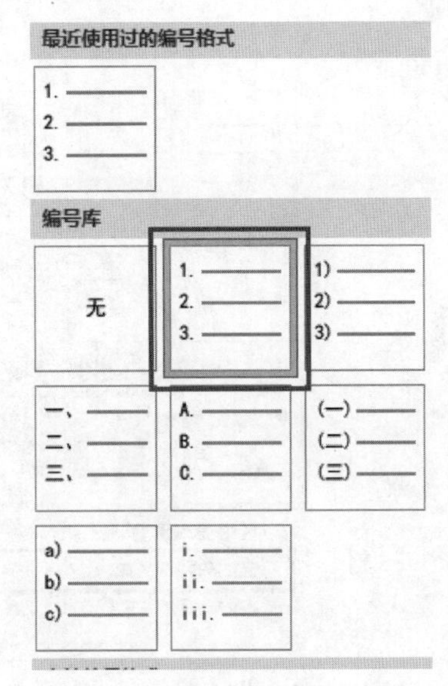

图 3-19 编号

（4）添加项目符号"◆"。

步骤 1：选中"来访人员需要登记以下内容……"至"装修施工人员……"之间的 7 段文字。

步骤 2：在"段落"组中单击"项目符号"下拉按钮，选项目符号"◆"，然后选择"定义新的多级列表"，如图 3-20 所示。

步骤 3：设置项目级别 3 级，→编号样式选为"◆"，如图 3-21 所示。

2. 文档第 2 页设置要求

（1）设置一个分节符，将第 2 页纸张设为 B5，纸张横向。

步骤 1：不同的页面格式需要插入分节符，所以，在第一页结尾处，选择"布局"选项卡→分隔符功能→选择分节符中的下一页，如图 3-22 所示。

步骤 2：选择"布局"选项卡→纸张大小设置为 B5→纸张方向"横向"。

（2）设置页边距。

步骤 1：选择"布局"选项卡→页边距自定义，或者页面设置功能按钮。

步骤 2：在"页面设置"对话框中选择上下，左右四个方向的页边距，进行设置，如图 3-23 所示。

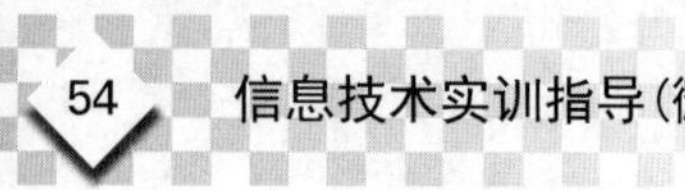

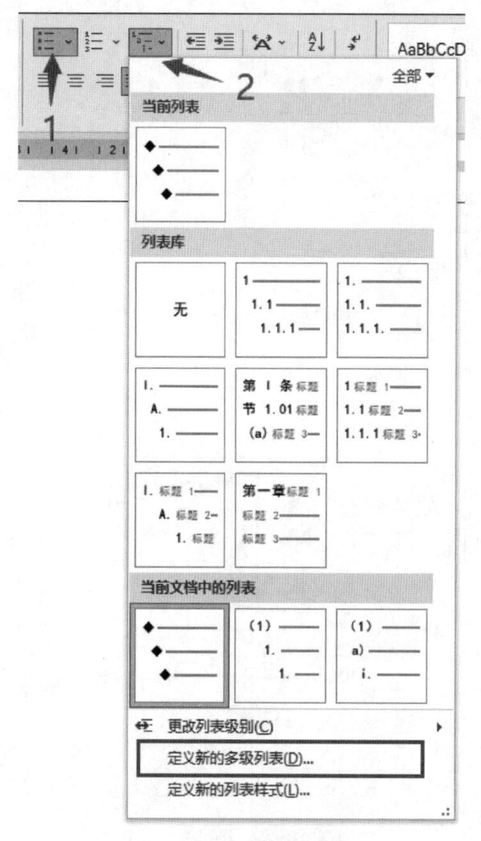

图 3-20　设置多级列表

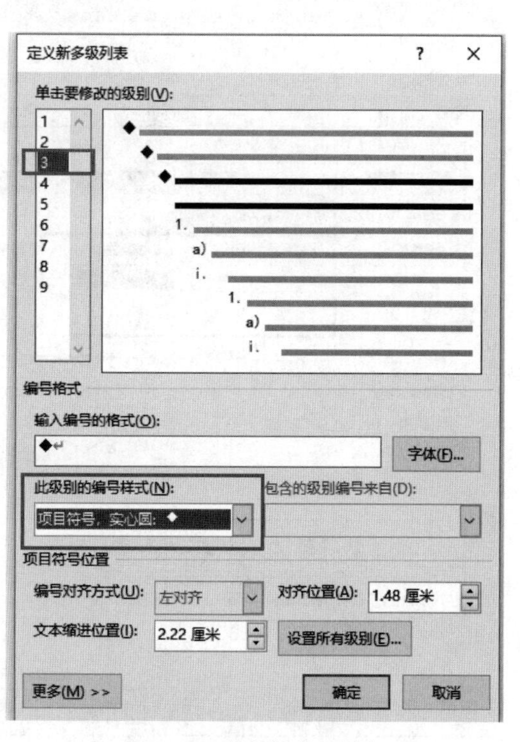

图 3-21　定义新多级列表

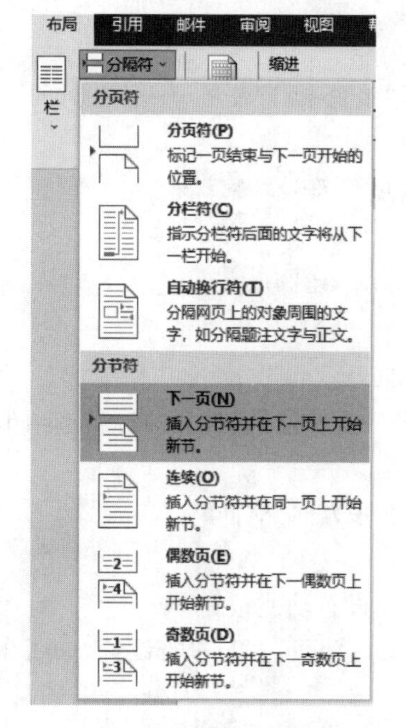

图 3-22　插入分节符

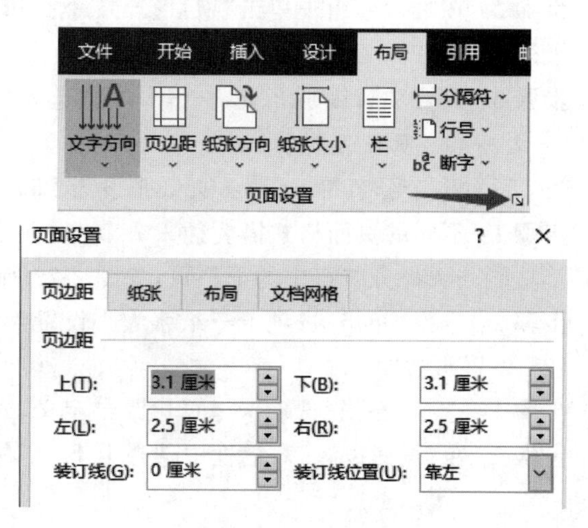

图 3-23　设置页边距

(3) 文档第 1、2 页分别插入页眉。

步骤：选择"插入"选项卡→页眉，设置页眉"奇偶页不同"，如图 3-24 所示。输入第一页页眉内容，切换到"开始"设置左对齐，第二页输入内容后，右对齐。字体统一设置为华文楷体、小四号、加粗。

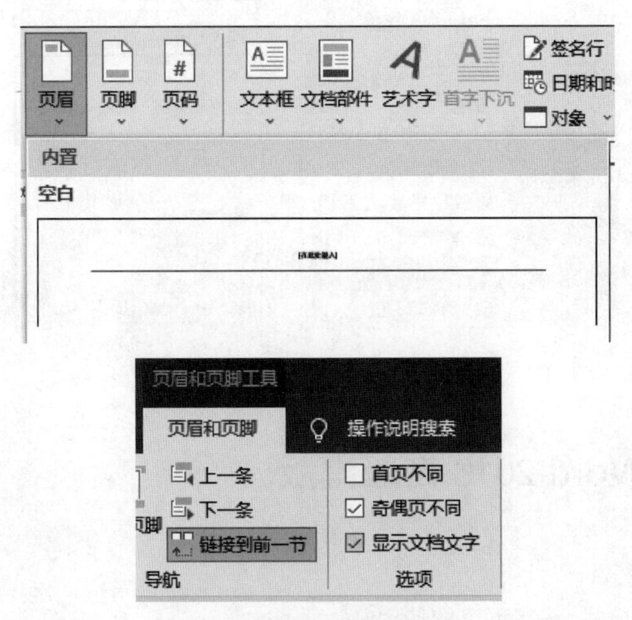

图 3-24　设置页眉奇偶页不同

(4) 页脚插入页码。

步骤 1：选择插入"选项卡"→"页码"→"页面底端"，居中，如图 3-25 所示。

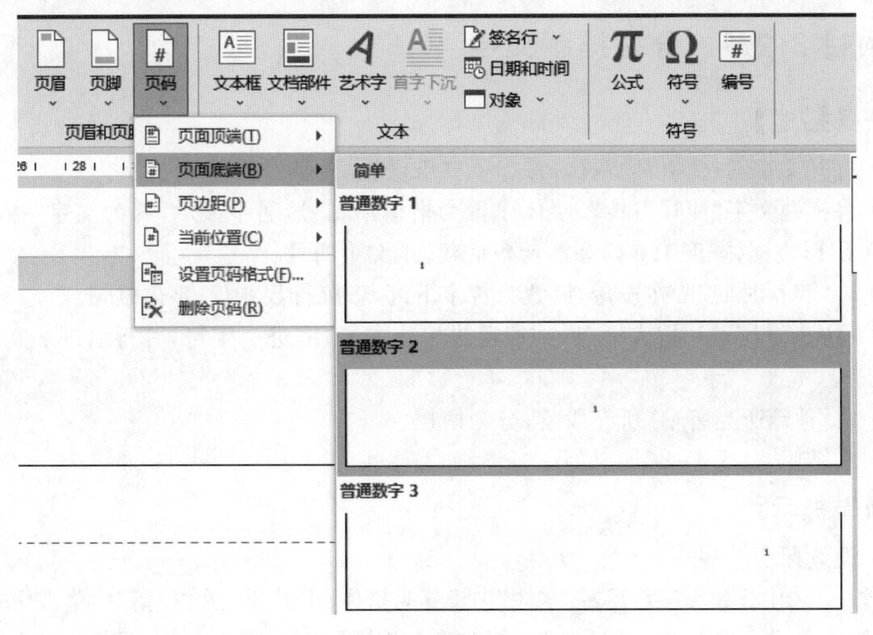

图 3-25　页码设置

步骤 2：双击页脚处→打开页眉页脚工具→选择页码→设置页码格式，编号格式为目标格式，如图 3-26 所示。

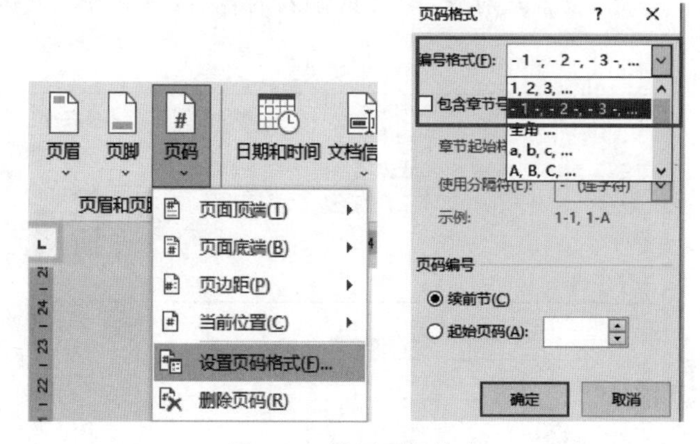

图 3-26 设置页码格式

实验 3.2 Word 2016 高级排版

【实验目的】

(1) 熟练掌握分栏、首字下沉的使用。

(2) 学会给文档设置脚注、尾注。

(3) 能使用样式快速格式化文档。

(4) 掌握自动生成目录的方法。

实验项目 3.2.1 分栏排版文档

【任务描述】

(1) 打开文字素材《掩耳盗铃》，按以下要求设置，样张如图 3-27 所示。

(2) 将标题文字"掩耳盗铃"，字体设置为楷体小二号，居中显示，并为文字"掩耳盗铃"设置蓝色阴影边框，宽度 1.5 磅和浅蓝色底纹，正文小四号。

(3) 将"春秋时期"所在段落，设置为首字下沉，下沉行数 3 行，字体隶书。

(4) 将"小偷找来一把大锤"所在段落设置为左、右缩进 2 字符，首行缩进 2 字符，并加黑色边框线，宽度 1 磅。

(5) 将"他越听越害怕"所在段落，分为两栏。

(6) 在结尾"吕氏春秋"加上脚注，最后加上尾注。

【操作提示】

(1) 设置标题。

步骤 1：选中标题文字然后在"字体"中设置为楷体、小二号。在"段落"中单击居中按钮。

步骤 2：选中标题文字，然后在"边框和底纹"中选择"阴影"边框，颜色为蓝色，宽度为 1.5 磅，应用于文字，如图 3-28 所示。切换到底纹选项卡，选择浅蓝色底纹，应用于文字。

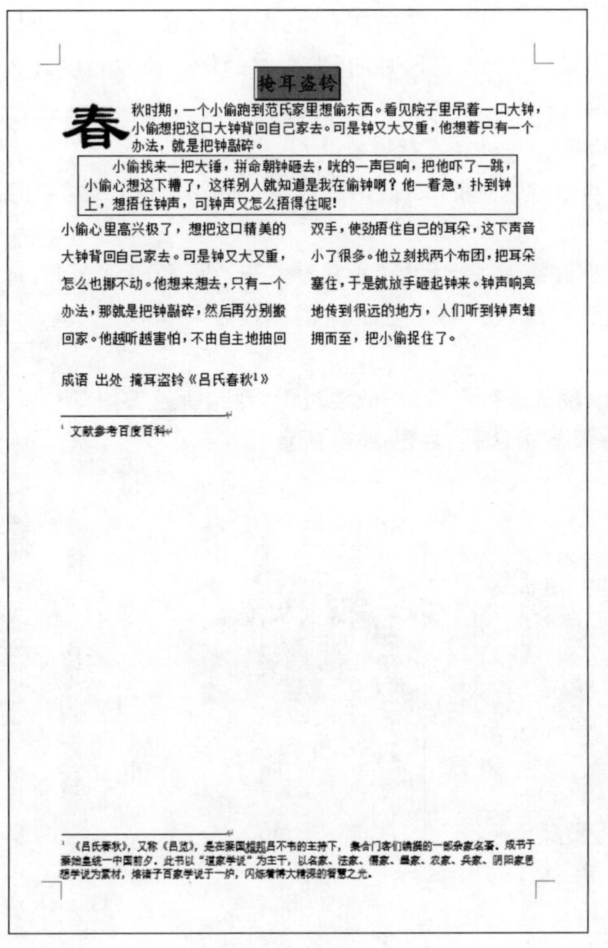

掩耳盗铃

春秋时期，一个小偷跑到范氏家里想偷东西。看见院子里吊着一口大钟，小偷想把这口大钟背回自己家去。可是钟又大又重，他想着只有一个办法，就是把钟敲碎。

小偷找来一把大锤，拼命朝钟砸去，咣的一声巨响，把他吓了一跳，小偷心想这下糟了，这样别人就知道是我在偷钟啊？他一着急，扑到钟上，想捂住钟声，可钟声又怎么捂得住呢！

小偷心里高兴极了，想把这口精美的大钟背回自己家去。可是钟又大又重，怎么也挪不动。他想来想去，只有一个办法，那就是把钟敲碎，然后再分别搬回家。他越听越害怕，不由自主地抽回双手，使劲捂住自己的耳朵，这下声音小了很多。他立刻找两个布团，把耳朵塞住，于是就放手砸起钟来。钟声响亮地传到很远的地方，人们听到钟声蜂拥而至，把小偷捉住了。

成语 出处 掩耳盗铃《吕氏春秋[1]》

[1] 文献参考百度百科

[1] 《吕氏春秋》，又称《吕览》，是在秦国相邦吕不韦的主持下，集合门客们编撰的一部杂家名著。成书于秦始皇统一中国前夕。此书以"道家学说"为主干，以名家、法家、儒家、墨家、农家、兵家、阴阳家思想学说为素材，熔诸子百家学说于一炉，闪烁着博大精深的智慧之光。

图 3-27　样张

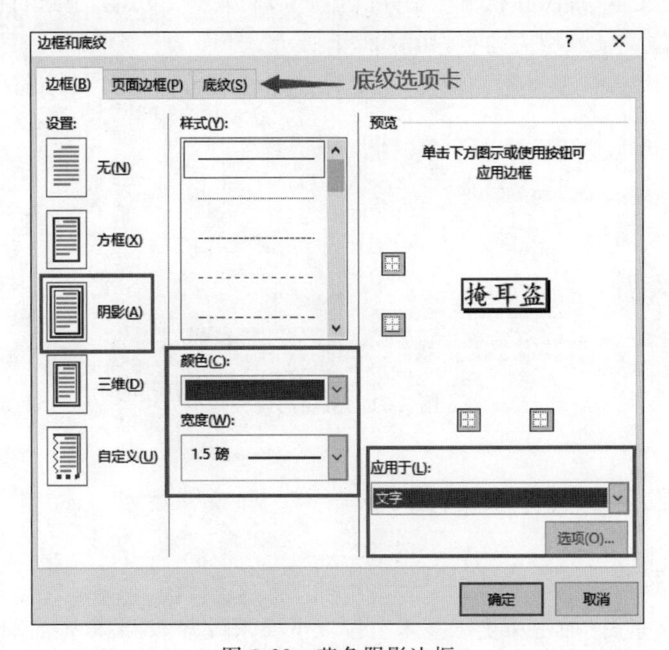

图 3-28　蓝色阴影边框

(2) 首字下沉。

步骤:光标置于第一段即"春秋时期"本段中的任意位置,在"插入"选项卡中选择首字下沉,如图 3-29 所示。

(3) 设置段落边框。

步骤 1:选中"小偷找来一把大锤"所在段落,然后打开"段落"功能,设置为左、右缩进 2 字符,首行缩进 2 字符。

步骤 2:选中"小偷找来一把大锤"所在段落→边框和底纹功能,选中方框,设置宽度为 1 磅,设置"应用于段落"选项。参考图 3-27 的样张效果。

(4) 分栏。

步骤:分栏是以段落进行设置的,故要选中"他越听越害怕"所在段落→打开"布局选项卡"中的分栏功能→设置为两栏,如图 3-30 所示。

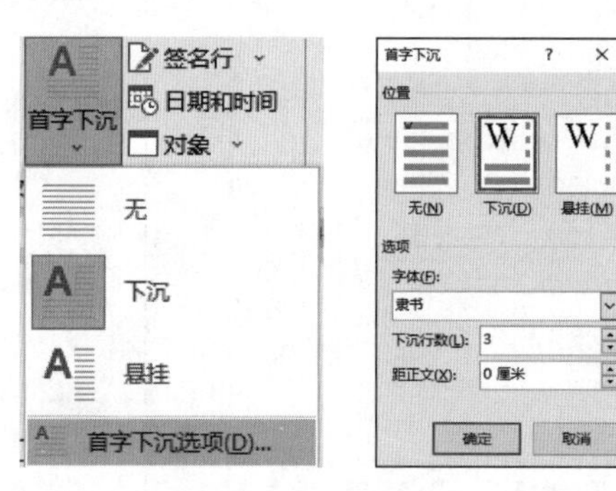

图 3-29 首字下沉

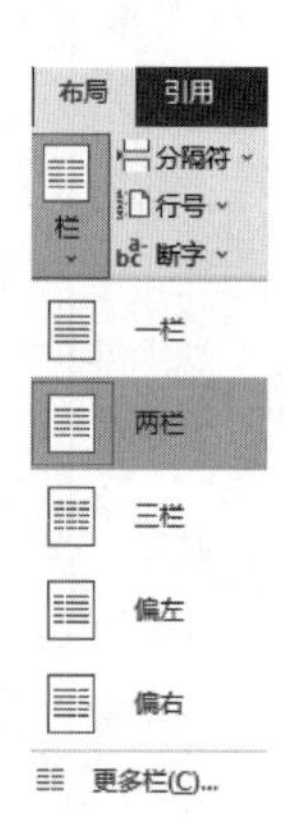

图 3-30 分栏

(5) 脚注与尾注。

步骤 1:选中文本"吕氏春秋"→"引用"选项卡,插入脚注功能,节选百度百科相关词条,在脚注页面底部位置录入相关内容,如图 3-31 所示。

步骤 2:"引用"选项卡→尾注功能,在文档结尾处录入相关文字,如图 3-31 所示。

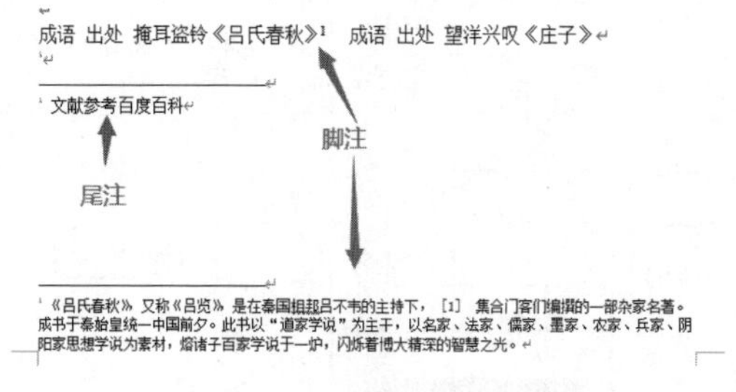

图 3-31 脚注与尾注

实验项目 3.2.2 制作文档目录

【任务描述】

(1) 打开文字素材《加密历史于技术》,按以下要求设置,效果样张如图 3-32 所示。

（2）每段之前分别加入标题，如图3-32所示。

（3）将标题1的样式设置为：中文字体为楷体二号，西文字体为Times New Roman，段落居中，段落间距段前1行，段后0.5行，段落间距单倍行距。将文字“第1章 加密历史与技术”，设置为标题1。

（4）将标题2的样式设置为：中文字体黑体4号，西文字体Arial，段落居中，段前段后6磅。将文字“1.1 加密历史”“1.2 Internet的崛起”“1.3 加密工具”设置为标题2。

（5）除设置为标题的段落外，其他的段落设置为首行缩进2字符。

（6）增加段落“对称加密算法”“不对称加密算法”设置为项目符号，如图3-32所示。

（7）页面设置为每页43行，每行40字符。

（8）插入页码，自动生成目录。

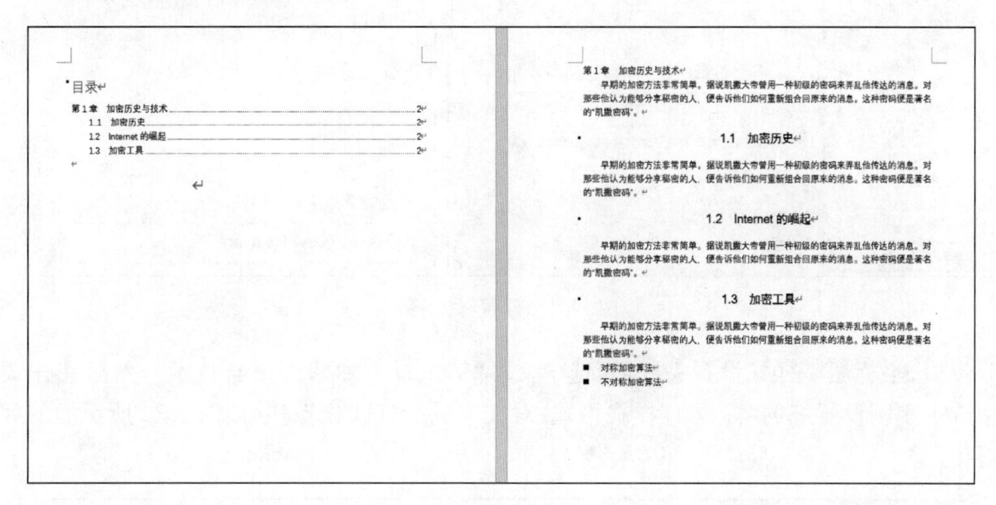

目录

第1章 加密历史与技术

早期的加密方法非常简单。据说凯撒大帝曾用一种初级的密码来弄乱他传达的消息。对那些他认为能够分享秘密的人，便告诉他们如何重新组合回原来的消息。这种密码便是著名的“凯撒密码”。

1.1 加密历史

早期的加密方法非常简单。据说凯撒大帝曾用一种初级的密码来弄乱他传达的消息。对那些他认为能够分享秘密的人，便告诉他们如何重新组合回原来的消息。这种密码便是著名的“凯撒密码”。

1.2 Internet的崛起

早期的加密方法非常简单。据说凯撒大帝曾用一种初级的密码来弄乱他传达的消息。对那些他认为能够分享秘密的人，便告诉他们如何重新组合回原来的消息。这种密码便是著名的“凯撒密码”。

1.3 加密工具

早期的加密方法非常简单。据说凯撒大帝曾用一种初级的密码来弄乱他传达的消息。对那些他认为能够分享秘密的人，便告诉他们如何重新组合回原来的消息。这种密码便是著名的“凯撒密码”。

- 对称加密算法
- 不对称加密算法

图3-32 样张

【操作提示】

（1）样式1设置。

步骤1：在“开始”选项卡的“样式”列表中选中“标题1”右击修改，如图3-33所示。

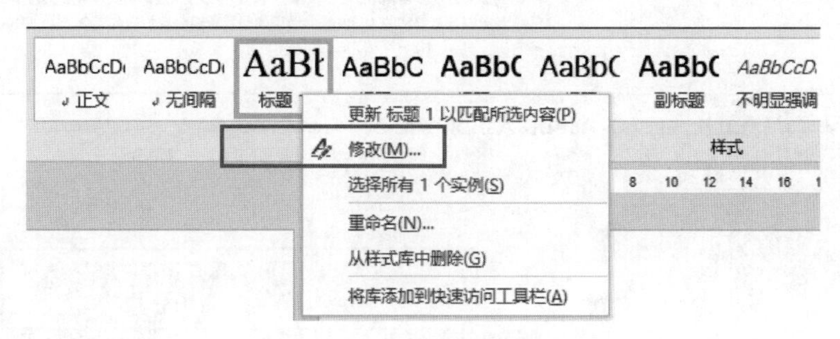

图3-33 修改样式

步骤2：在“修改样式”对话框中选中格式“字体”，设置中文字体为楷体二号，西文字体为Times New Roman，然后在“段落”格式里设置段落居中，段落间距段前1行，段后0.5行，段落间距单倍行距，居中。设置完成后，单击“确定”，如图3-34所示。

图 3-34　设置样式格式

步骤 3：标题 1 样式设置完成后，选中文本“第 1 章　加密历史与技术”，然后在样式列表中选中刚刚设置好的“标题 1”样式格式，对文本进行格式化操作，如图 3-35 所示的前后效果对比。

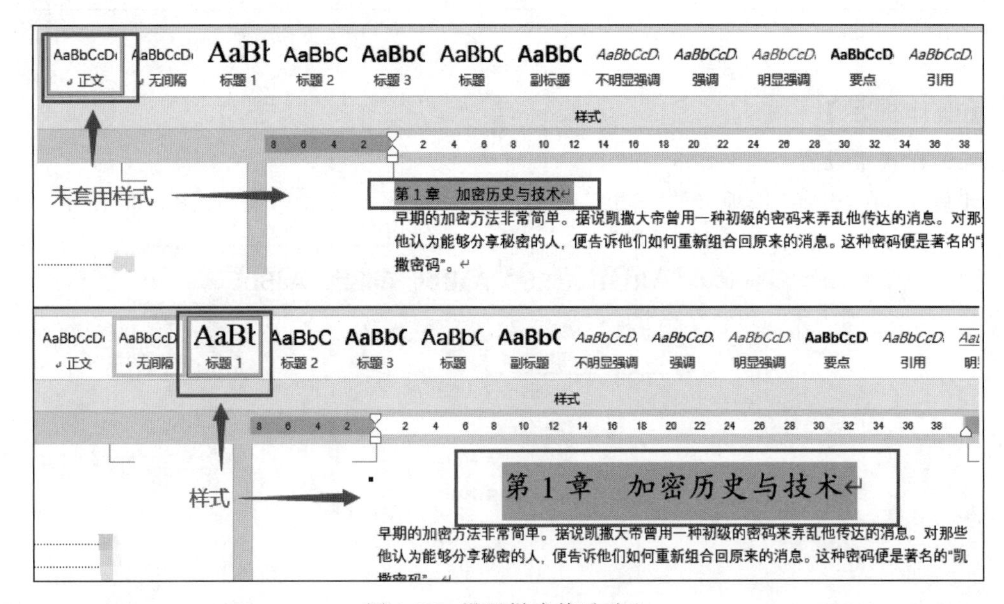

图 3-35　设置样式前后对比

(2) 样式 2 设置。

步骤 1：参照样式 1 的设置步骤，设置“标题 2”。

步骤 2：选中文本“1.1 加密历史”“1.2 Internet 的崛起”“1.3 加密工具”，将标题 2 样式依次套用，即可，参考图 3-32 样张。

(3) 项目符号。

步骤：增加段落文本“对称加密算法”“不对称加密算法”后，在“段落”选项组中选择项目符号“■”(项目符号以段落进行设置)。

(4) 页面设置每页 43 行，每行 40 字符。

步骤：在“布局”选项卡中选择页面设置→“文档网格”→“指定行和字符网格”，如图 3-36 所示。

(5) 生成目录。

步骤 1：在“插入”选项卡中选择“页码”→“页面底端”。

步骤 2：将光标放在“第一章加密历史与技术”前，然后在“插入”选项卡中选择“空白页”。

步骤 3：在“引用”选项卡中选择“目录”→“自动生成目录”。

【说明】 自动生成目录的关键点在于设置“大纲级别”，样式中“标题 1”“标题 2”是默认自带大纲级别的设置，所以，在设置过样式标题后，步骤 3 这是自动生成目录的方法一，如图 3-37 所示。

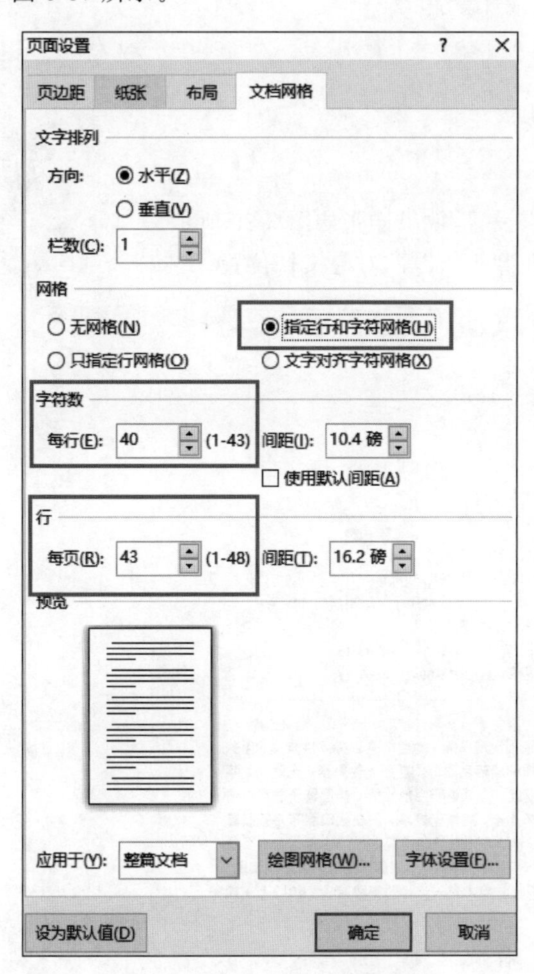

图 3-36 页面设置-文档网格

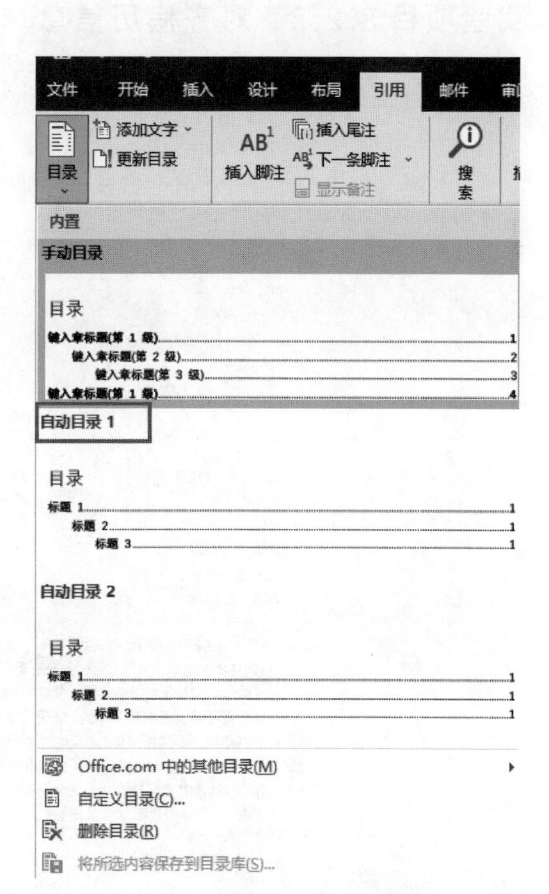

图 3-37 自动生成目录方法一

另外一个自动生成目录的方法是：选中要设置为目录标题的文本，如选中“第 1 章　加密历史与技术”，然后打开“段落”对话框，将大纲级别设置为 1 级，修改大纲级别后，重复步骤 3，即可自动生成目录，方法二如图 3-38 所示。

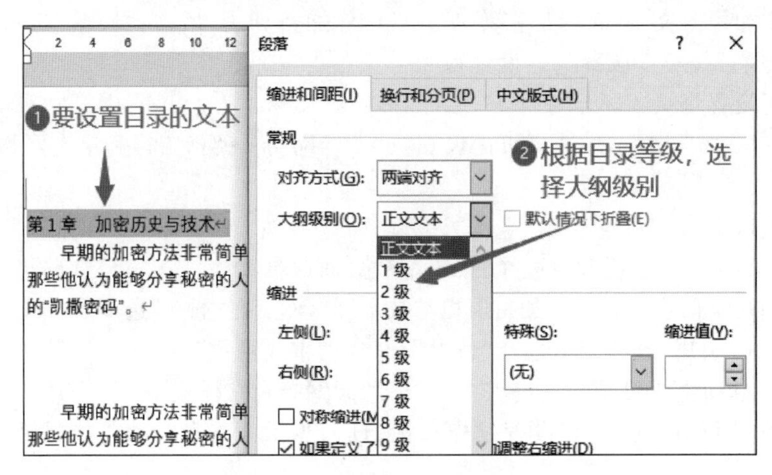

图 3-38　自动生成目录方法二

实验项目 3.2.3　对齐病历信息

【任务描述】

(1) 打开文字素材《住院病历》，按以下要求设置，效果样张如图 3-39 所示。

(2) 通过制表位设置“姓名”“钱桂芬”“职业”“工人”等，对齐文档位置。

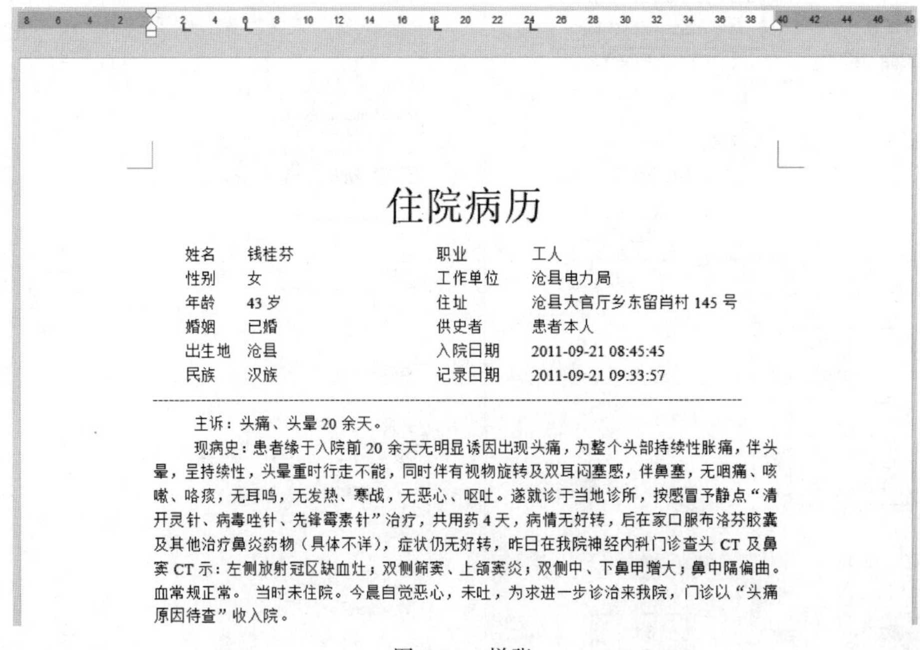

住院病历

姓名	钱桂芬	职业	工人
性别	女	工作单位	沧县电力局
年龄	43 岁	住址	沧县大官厅乡东留肖村 145 号
婚姻	已婚	供史者	患者本人
出生地	沧县	入院日期	2011-09-21 08:45:45
民族	汉族	记录日期	2011-09-21 09:33:57

主诉：头痛、头晕 20 余天。

现病史：患者缘于入院前 20 余天无明显诱因出现头痛，为整个头部持续性胀痛，伴头晕，呈持续性，头晕重时行走不能，同时伴有视物旋转及双耳闷塞感，伴鼻塞，无咽痛、咳嗽、咯痰，无耳鸣，无发热、寒战，无恶心、呕吐。遂就诊于当地诊所，按感冒予静点“清开灵针、病毒唑针、先锋霉素针”治疗，共用药 4 天，病情无好转，后在家口服布洛芬胶囊及其他治疗鼻炎药物（具体不详），症状仍无好转，昨日在我院神经内科门诊查头 CT 及鼻窦 CT 示：左侧放射冠区缺血灶；双侧筛窦、上颌窦炎；双侧中、下鼻甲增大；鼻中隔偏曲。血常规正常。当时未住院。今晨自觉恶心，未吐，为求进一步诊治来我院，门诊以“头痛原因待查”收入院。

图 3-39　样张

【操作提示】

(1) 设置制表位。

步骤 1：在“视图”选项卡中勾选“标尺”功能，让标尺显示在界面上。

步骤 2：选中要进行制表位对齐的段落，“姓名……2011-09-21 09：33：57”

步骤 3：打开“段落”对话框→“制表位”，然后在“制表位”对话框中参考标尺位置添加对齐的字符位置，如图 3-40 所示。

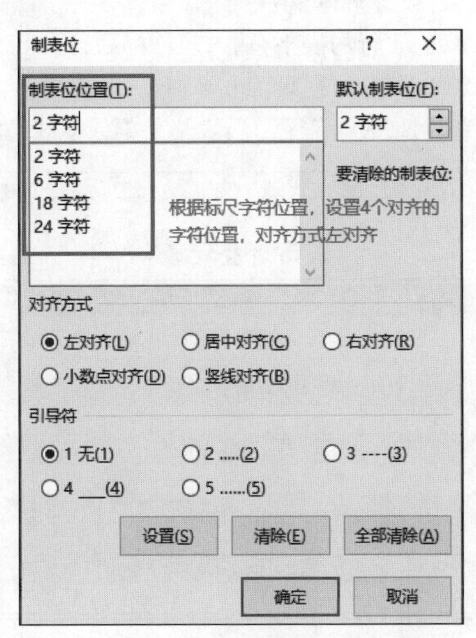

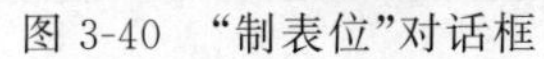
图 3-40 “制表位”对话框

步骤 4：设置完成后，标尺上会显示制表位的符号。

(2) 对齐制表位。

步骤 1：光标放在“姓名”前，按“Tab”键，会对齐到 2 字符。

步骤 2：光标放在“钱桂芬”前，按“Tab”键，会对齐到 6 字符。

步骤 3：光标放在“职业”前，按“Tab”键，会对齐到 18 字符。

步骤 4：光标放在“工人”前，按“Tab”键，会对齐到 24 字符。

步骤 5：其余文本对齐，重复以上操作即可。

实验 3.3 表格制作与数据计算

【实验目的】

(1) 熟练掌握表格的创建、编辑与格式设置，表格样式。

(2) 学会设置表格边框和底纹，合并单元格。

(3) 学会绘制斜线表头、文字排列方向。

(4) 掌握表格中数据的计算与排序。

实验项目 3.3.1 来访登记表

【任务描述】

(1) 继续完成实验 3.1.3 第二页,来访登记表,按以下要求设置,效果样张如图 3-41 所示。

(2) 标题"来访者登记表"设置楷体、小一号、加粗、居中。

(3) 在标题下方插入 8 列 11 行的表格,输入表格标题行。

(4) 将表格列宽设为 2.7 厘米,行高设为 0.8 厘米,表格对齐方式居中。

(5) 将表格样式设置为"网格表 4-着色 1",表格外框线双线,宽度 2.25 磅。

图 3-41 样张

【操作提示】

(1) 插入表格。

步骤 1: 选择"插入"选项卡→"表格"→"插入表格"→8 列,11 行,如图 3-42 所示。

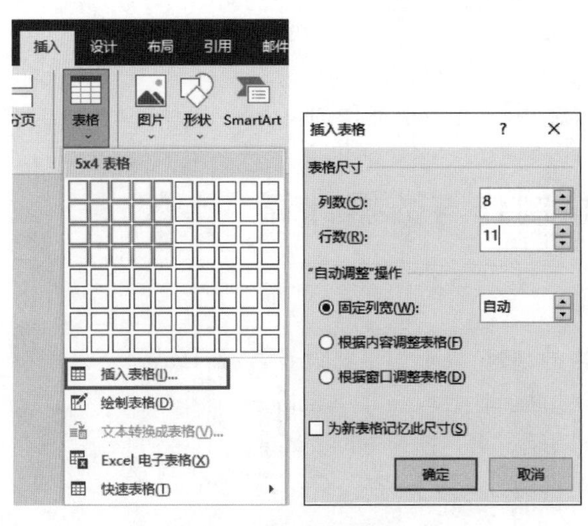

图 3-42 插入表格

(2) 表格尺寸。

步骤1：选中整个表格然后选择"表格工具"→"布局"→"单元格大小"组，如图3-43所示。

图3-43　调整表格尺寸

步骤2：选中整个表格，然后选择"表格"属性→"表格"选项卡，对齐方式选择"居中"，如图3-44所示。

(3) 表格样式。

步骤1：选中整个表格，然后在表格工具的表格样式列表中选择网格表4-着色1。

步骤2：在"表格工具"的"边框"组中选择"双线型"，并应用到外侧框线，如图3-45所示。

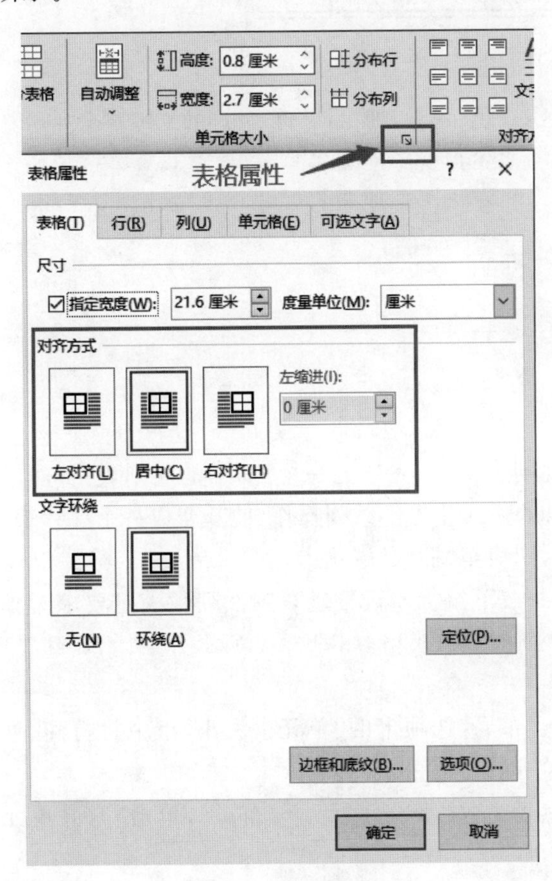

图3-44　表格属性

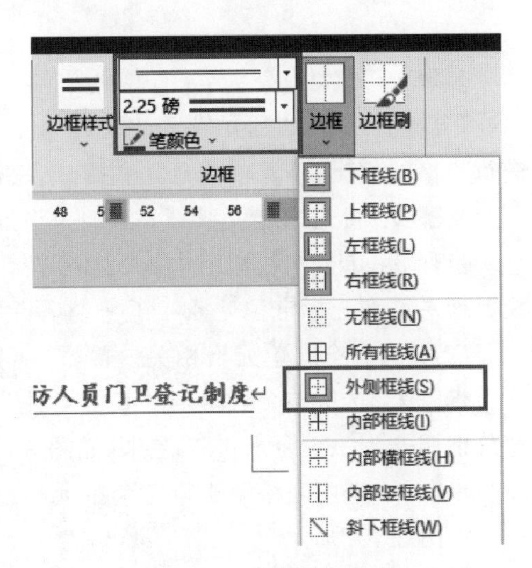

图3-45　表格边框设置

实验项目 3.3.2 制作课程表

【任务描述】

(1) 完成课程表按以下要求设置,效果样张如图 3-46 所示。

<table>
<tr><td colspan="7">课 程 表</td></tr>
<tr><td colspan="2">星期
时间</td><td>一</td><td>二</td><td>三</td><td>四</td><td>五</td></tr>
<tr><td rowspan="4">上
午</td><td>1</td><td rowspan="2">高数</td><td rowspan="2">英语</td><td rowspan="2">体育</td><td rowspan="2">听力</td><td rowspan="2">高数</td></tr>
<tr><td>2</td></tr>
<tr><td>3</td><td rowspan="2">C 语言</td><td rowspan="2">计算机
导论</td><td rowspan="2">C 语言</td><td rowspan="2">英语</td><td rowspan="2">听力</td></tr>
<tr><td>4</td></tr>
<tr><td colspan="7">午 休</td></tr>
<tr><td rowspan="4">下
午</td><td>1</td><td rowspan="2">C 语言</td><td rowspan="2">班会</td><td rowspan="2">计算机
导论</td><td rowspan="2"></td><td rowspan="2">听力</td></tr>
<tr><td>2</td></tr>
<tr><td>3</td><td rowspan="2"></td><td rowspan="2"></td><td rowspan="2">实训</td><td rowspan="2"></td><td rowspan="2"></td></tr>
<tr><td>4</td></tr>
</table>

图 3-46 样张

(2) 设置课程表标题文字:字体为楷体、深红色、一号、加粗,调整字符间距“加宽 7.4 磅”。

(3) 绘制斜线表头。

(4) 设置表格将行高、列宽分别调整为 1.5 厘米、1.7 厘米。

(5) 合并相关单元格,拆分相关单元格,参照图 3-46。

(6) 设置表格底纹,双框线外边框。

【操作提示】

(1) 表格创建。

步骤 1:建立一个 7×7 的规则表格。

【分析】 图 3-4 所示课程表是一个不规则表格,可先建立一个 7×7 的规则表格,然后进行表格的编辑,单元格的合并和拆分、表格的格式化等一系列操作,使其变成一个课程表。

步骤 2:将光标定位到需要添加表格处,切换至“插入”选项卡。

步骤 3:单击“表格”组中的“表格”按钮→按下鼠标左键拖动,待行、列数满足要求时释放鼠标左键在光标定位处插入了一个 7 行 7 列的空白表格,如图 3-47 所示。

(2) 标题、合并单元格相关设置。

步骤 1:选中整个表格,在“表格工具”→“布局”选项卡的“单元格大小”组中将行高、列宽分别调整为 1.5 厘米、1.7 厘米,如图 3-48 所示。

步骤 2:选中表格第 1 行 7 个单元格,然后选择“表格工具”→“布局”,单击“合并单元格”,如图 3-49 所示。

步骤 3:输入“课程表”,并设置字体为楷体、深红色、一号、加粗,调整字符间距“加宽 7.4 磅”。

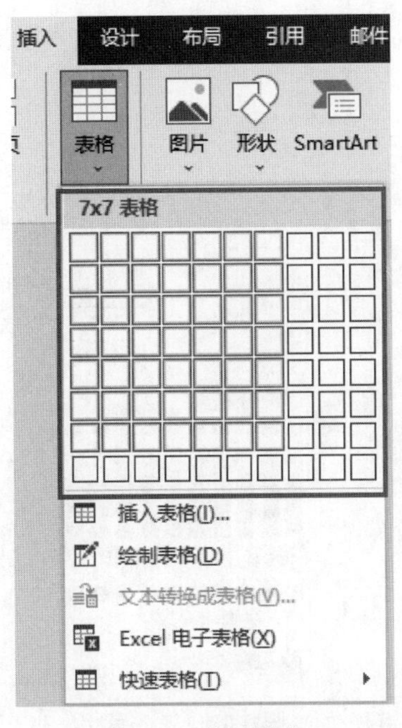

图 3-47 创建表格

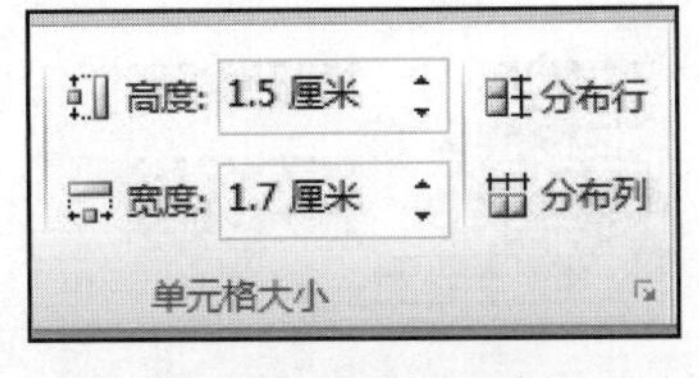

图 3-48 设置行高列宽

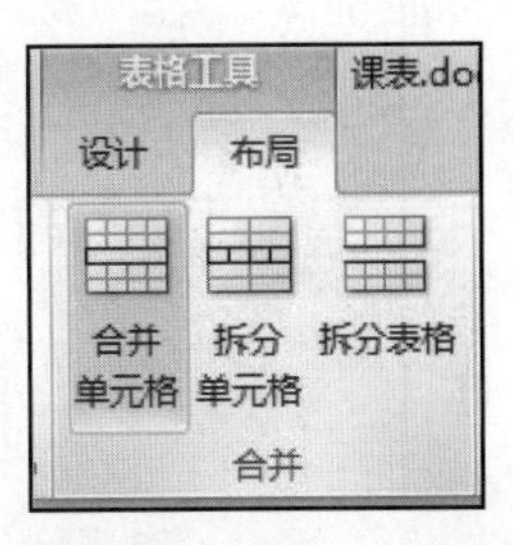

图 3-49 合并单元格

步骤 4：分别选中第 3、4、6、7 行的第 2 列共 4 个单元格，切换至“表格工具”-“布局”然后单击“拆分单元格”按钮，将“行数”调整为 1，将“列数”调整为 2，则将 4 个单元格拆分为 8 个单元格，如图 3-50 所示。

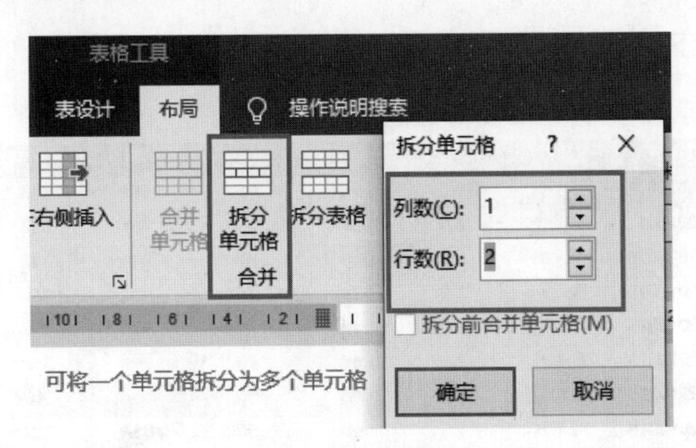

图 3-50 拆分单元格

步骤 5：分别输入 1、2、3、4、5、6、7、8，对其他单元格按照课表样例输入相应文字，字体均设置为楷体、五号。

(3) 绘制斜线表头，外框线。

步骤 1：将光标放在目标单元格中，然后选择“表格工具”→“斜下框线”，如图 3-51。

步骤 2：外框线参考图 3-43 步骤。

(4) 表格底纹。

步骤：选中表格，然后选择“底纹”，如图 3-52 所示。

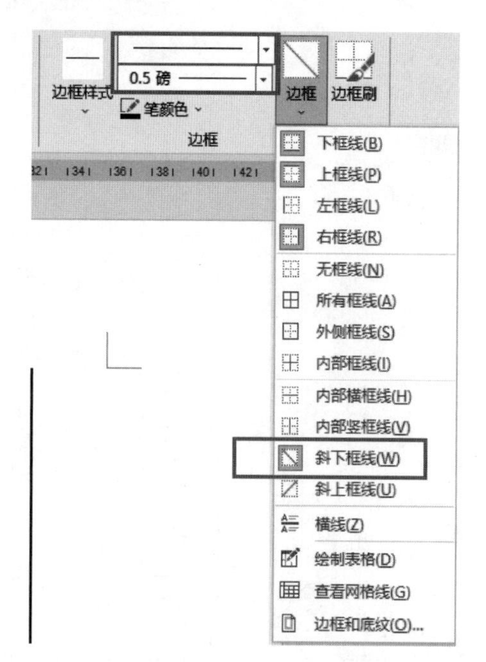

图 3-51 斜线表头

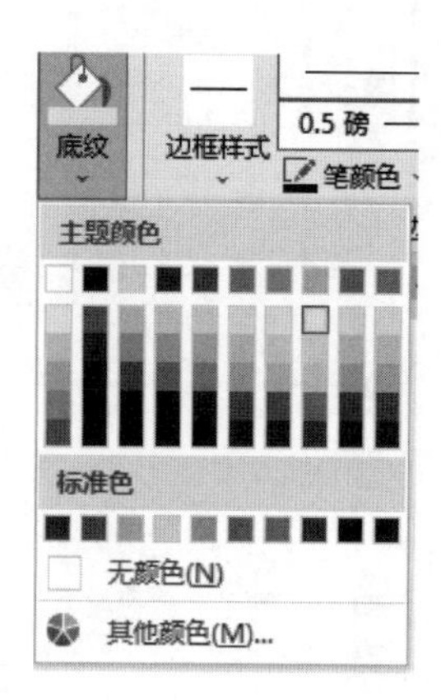

图 3-52 表格底纹

实验项目 3.3.3 表格中的数据计算与排序

【任务描述】

打开素材,按以下要求设置,设计样例如图 3-53 所示。

A 班 1 组学生成绩统计

学号	姓名	语文	数学	英语	物理	总成绩
2010014	韩 青	80	98	78	67	323
2010011	王兰兰	87	89	85	76	337
2010019	张 丽	79	85	88	80	332
2010012	张 雨	57	78	79	46	260
2010015	郑 爽	74	78	83	92	327
2010013	夏林虎	92	68	98	70	328
2010016	程雪兰	85	68	95	55	303
2010018	刘华清	91	68	90	85	334
2010017	王 瑞	95	52	87	87	321
平均分		82.22	76	87	73.11	318.33

图 3-53 设计样例

(1) 将标题段文字“A 班 1 组学生成绩统计”设置为华文楷体、三号、加粗和红色字体,居中显示。

(2) 在表格右侧插入 1 列,输入列标题“总成绩”;在表格下方插入 1 行,合并该行左侧的两个单元格并输入“平均分”。

(3) 表格行高设置为 0.7 厘米,列宽设置为 2.2 厘米;表格中的所有文字为楷体、小四号、加粗,水平居中。

(4) 计算每个学生的总成置于 G2：G10 单元格区域；计算单科和总成绩的平均分置于 C11：G11 单元格区域，参考样例的数据位置。

(5) 将成绩表中数学成绩由高分到低分排序，若数学成绩相同则按学号升序排序。

(6) 设置表格样式为“网络表”中的第 4 行第 3 列，即“网络表-着色 2”样式。

【操作提示】

(1) 设置标题文字。

步骤 1：选中标题段文字，在“开始”选项卡的“字体”中设置为楷体、三号、加粗。

步骤 2：在“段落”中选择“居中”。

(2) 插入列/行的设置。

步骤 1：选中“物理”列，在“表格工具-布局”的“行和列”中选择“在右侧插入列”，如图 3-54 所示，输入列标题“总成绩”。

步骤 2：将光标定位于最后一行，在下方插入一行，然后选中该行左边两个单元格，在“表格工具-布局”中单击“合并单元格”按钮，如图 3-55 所示，在合并后的单元各中输入“平均分”。

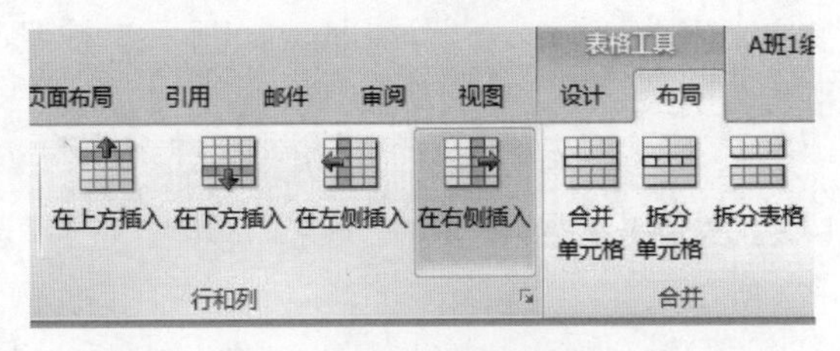

图 3-54 在右侧插入列

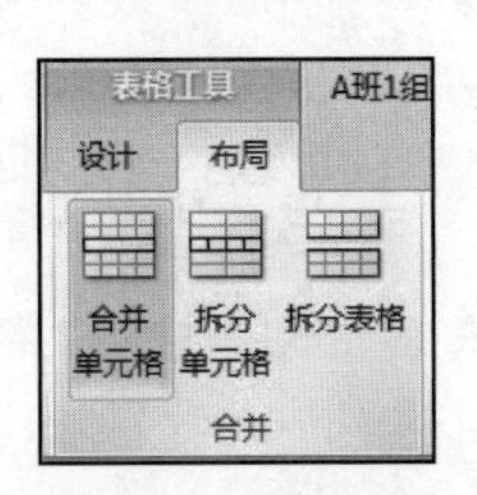

图 3-55 合并单元格

(3) 设置行高、列宽、字体及表格中的文字对齐方式。

步骤 1：选中整个表格，在“表格工具-布局”的“表”组中单击“属性”按钮，打开“表格属性”对话框，切换至“行”选项卡，然后选中“指定高度”，将右侧的“行高值是”选择为“固定值”并将行高调整为 0.7 厘米，如图 3-56 所示。切换至“列”选项卡，将列宽调整为 2.2 厘米。

步骤 2：选中整个表格，将“字体”设置为楷体、小四号、加粗，切换至“表格工具-布局”选项卡将“对齐方式”选为“水平居中”，如图 3-57 所示。

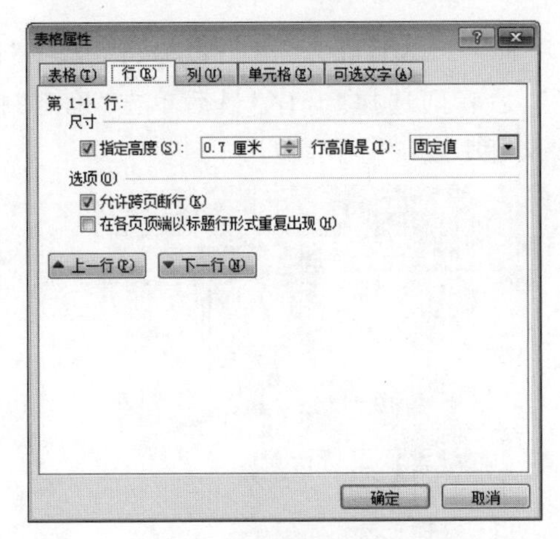

图 3-56 “表格属性”对话框

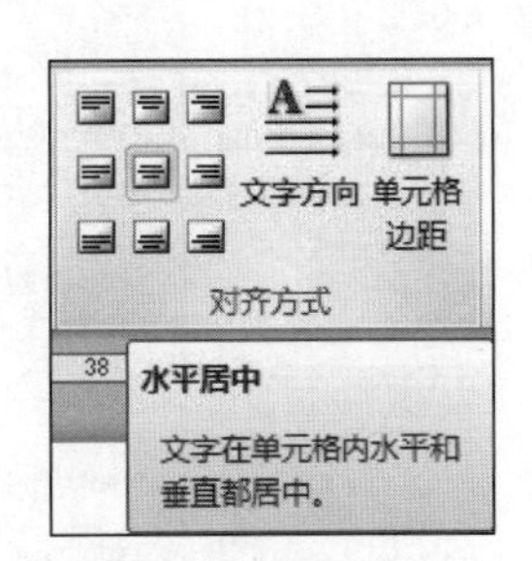

图 3-57 设置对齐方式

(4) 计算总成绩和平均分。

步骤 1:将光标放在总成绩结果的单元格中,在“表格工具”-“布局”选项卡的“数据”组选择“公式”,如图 3-58 所示。

步骤 2:打开“公式”对话框,在“粘贴函数”列表选择所需函数,然后输入公式,单击“确定”按钮,再按照此方法计算出其他学生的总成绩,如图 3-59 所示。

图 3-58 “数据”组

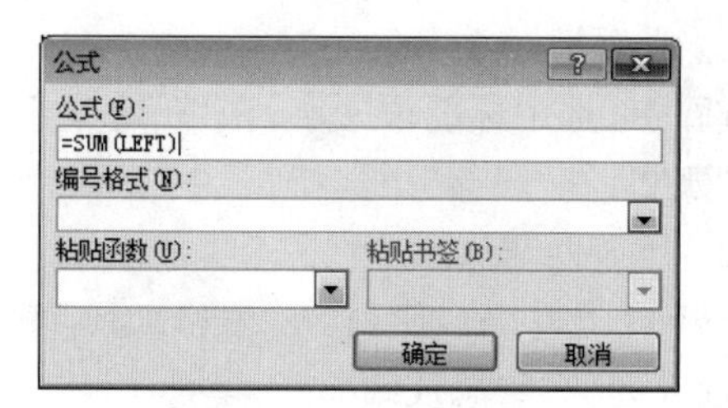

图 3-59 计算总成绩

步骤 3:将光标放在平均分结果的单元格中,打开“公式”,“粘贴函数”选择“AVERAGE”函数,然后输入公式“=AVERAGE(above)”,如图 3-60 所示。按照此方法计算出其他科的单科平均分和总分的平均分。

(5) 表格中的成绩排序。

步骤 1:选中表格第 2 行至第 10 行的全部数据,然后在“表格工具”-“布局”选项卡的“数据”组中单击“排序”按钮,如图 3-61 所示。

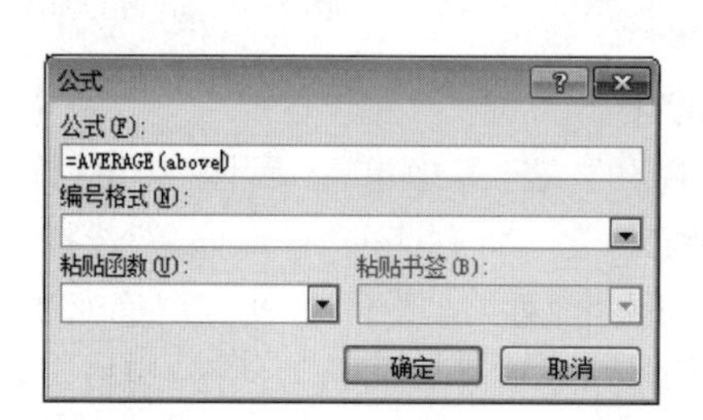

图 3-60 计算平均分

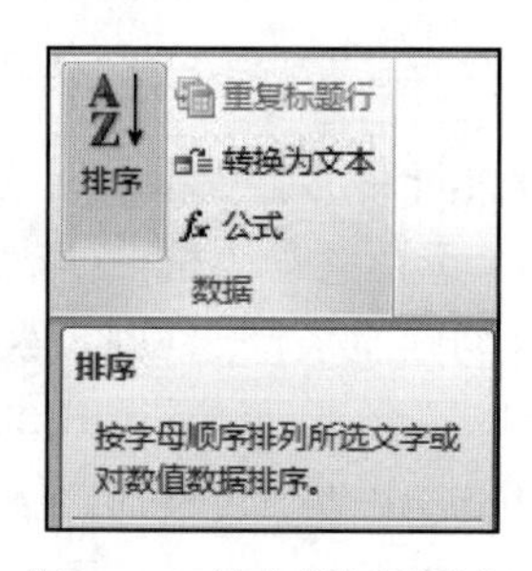

图 3-61 单击“排序”按钮

步骤 2:在“排序”对话框中找到“主要关键字”,然后选择“列 4”,“次要关键字”选择“列 1”,“类型”均选择“数字”,前者选择“降序”,后者则选择“升序”最后单击“确定”按钮,如图 3-62 所示。排序前后的效果分别如图 3-63 和图 3-64 所示。

图 3-62 “排序”对话框

A班1组学生成绩统计

学号	姓名	语文	数学	英语	物理	总成绩
2010011	王兰兰	87	89	85	76	337
2010012	张　雨	57	78	79	46	260
2010013	夏林虎	92	68	98	70	328
2010014	韩　青	80	98	78	67	323
2010015	郑　爽	74	78	83	92	327
2010016	程雪兰	85	68	95	55	303
2010017	王　瑞	95	52	87	87	321
2010018	刘华清	91	68	90	85	334
2010019	张　丽	79	85	88	80	332
平均分		82.22	76	87	73.11	318.33

图 3-63　排序前的效果

A班1组学生成绩统计

学号	姓名	语文	数学	英语	物理	总成绩
2010014	韩　青	80	98	78	67	323
2010011	王兰兰	87	89	85	76	337
2010019	张　丽	79	85	88	80	332
2010012	张　雨	57	78	79	46	260
2010015	郑　爽	74	78	83	92	327
2010013	夏林虎	92	68	98	70	328
2010016	程雪兰	85	68	95	55	303
2010018	刘华清	91	68	90	85	334
2010017	王　瑞	95	52	87	87	321
平均分		82.22	76	87	73.11	318.33

图 3-64　排序后的效果

(6) 设置表格样式。

步骤1：选中整个表格。

步骤2：选中整个表格然后在“表格工具”的“表格样式”列表中，选择“网络表-着色2”样式，如图3-65所示。

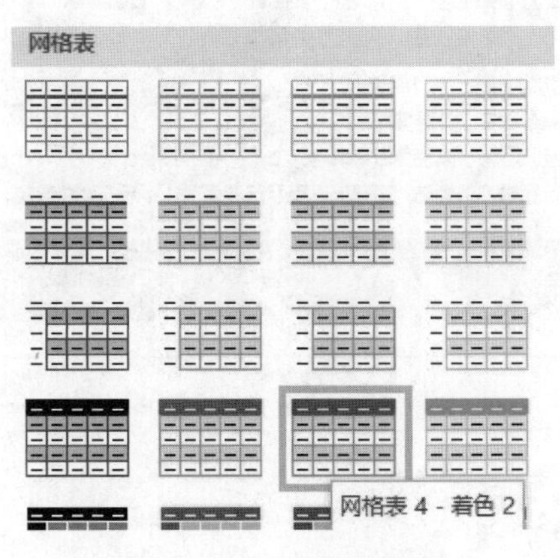

图 3-65　设置表格样式

实验 3.4 Word 图文混排

【实验目的】

(1) 掌握图形、图片的插入编辑操作。

(2) 掌握插入艺术字的功能。

(3) 学会 SmartArt 图形创建使用。

(4) 掌握文本框的设置，能使用水印。

实验项目 3.4.1 化妆品新品介绍

【任务描述】

(1) 打开素材，按以下要求设置，设计样例如图 3-66 所示。

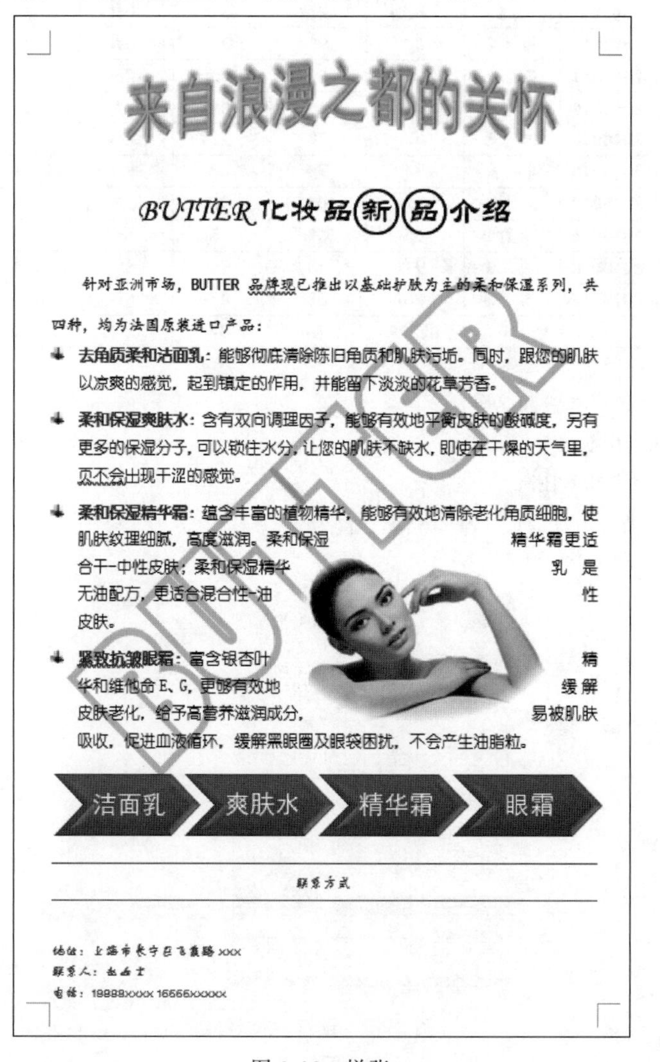

图 3-66 样张

(2) 插入文本框“花丝提要栏”,输入文本内容“地址：上海市长宁区飞霞路 xxx”。联系人：赵女士,电话：18888xxxx 16666xxxxx。字体：方正舒体,五号,紫色。

(3) 4 种产品段落前添加项目符号,如图 3-66,文体幼圆,小四号。

(4) 标题为华文隶书,小一号,“新品”设置带圈字符。

(5) 插入图片,调整大小为“高度 5 厘米”,文字环绕“紧密型环绕”,设置图片样式为“弱化边缘椭圆”

(6) 插入艺术字：“来自浪漫之都的关怀”,艺术字类型为“填充：金色,主题色 4；软棱台”,文字环绕为“上下型环绕”。

(7) 艺术字效果：阴影“偏移 上”,转换：“V 形 倒”。

(8) 插入 SmartArt 图形,设为“基本 V 型流程”,样式为“嵌入”效果,文字环绕“衬于文字下方。”

(9) 为产品宣传文档添加一个样式为“花丝”的封面,插入“butter”的水印。

【操作提示】

(1) 文本框。

步骤 1：选择“插入”选项卡→文本框→“花丝提要栏”,输入文字,如图 3-67 所示。

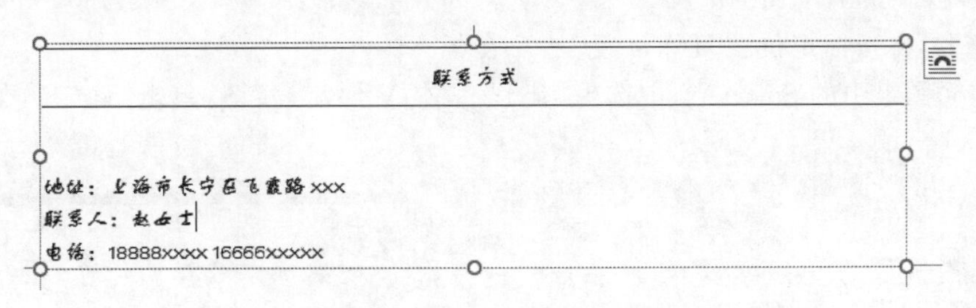

图 3-67 “花丝提要栏”文本框

步骤 2：设置字体：方正舒体,五号,紫色。

(2) 项目符号。

步骤 1：选中 4 个产品的所在段落,然后在开始选项卡中选择项目符号。

步骤 2：产品字体：幼圆,加粗,小四。

(3) 带圈字符。

步骤 1：选中文字“新品”,在字体组中选择“带圈字符”,如图 3-68 所示。

(4) 插入图片设置。

步骤 1：选中插入的素材图片,然后在“图片工具-图片格式”选项卡中大小设为“高度 5 厘米”。

步骤 2：在“图片工具-图片格式”选项卡中的图片样式列表中选择“弱化边缘椭圆”,如图 3-69 所示。

步骤 3：选中图片,将文字环绕方式选为

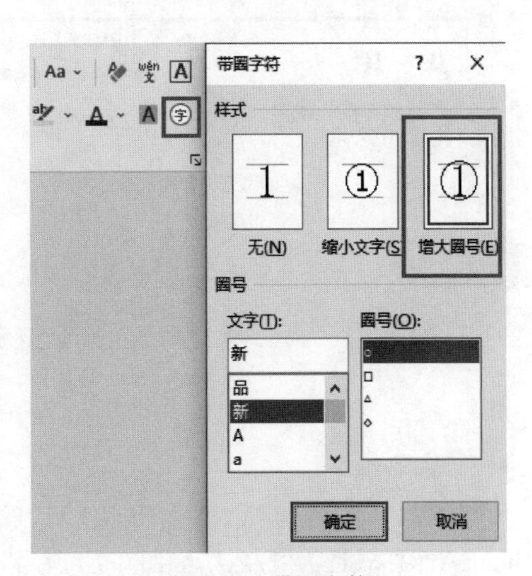

图 3-68 带圈字符

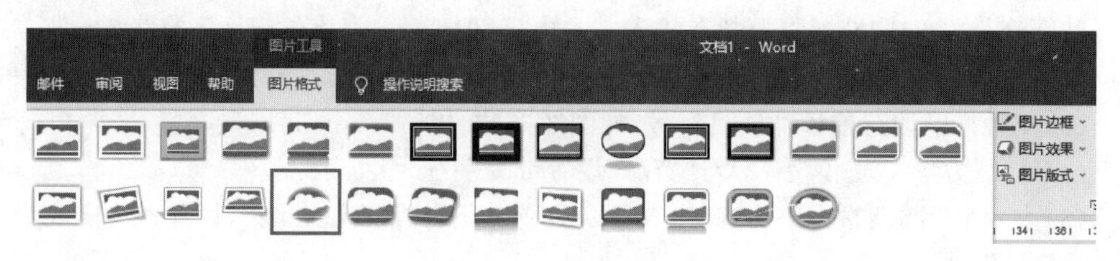

图 3-69 图片样式

"紧密型环绕"。

(5) 艺术字。

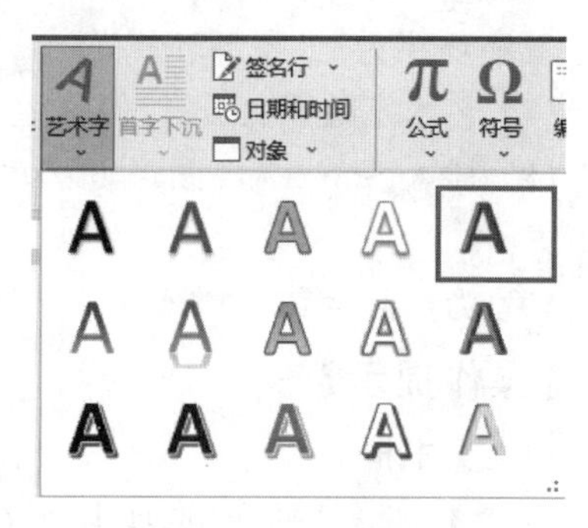

图 3-70 艺术字

步骤 1:在"插入"选项卡中选择艺术字为"填充:主题色 4;软棱台",如图 3-70 所示。

步骤 2:将文字环绕方式设为"上下型环绕"。

步骤 3:选中艺术字,然后将文本效果设为"阴影"→"偏移 上",将文本效果设为转换"V 形 倒",如图 3-71 所示。

(6) 插入 SmartArt 图形。

步骤 1:将光标定位在目标位置,然后在插入选项卡的插图组中的 SmartArt 中选择"流程-基本 V 形流程"图,单击"确定",如图 3-72 所示。

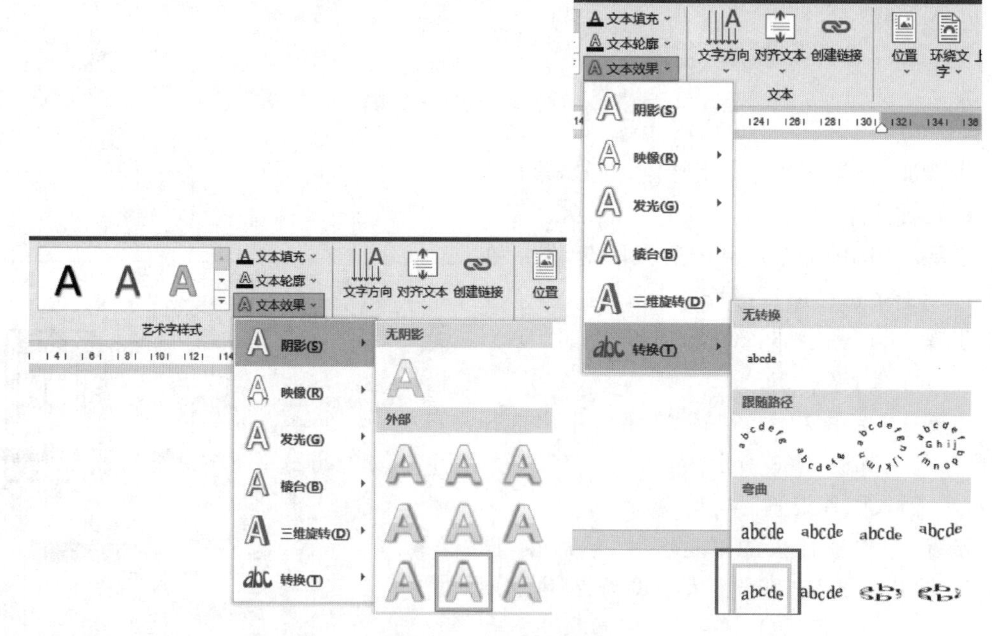

图 3-71 艺术字效果

步骤 2:新增选择"添加形状"后,输入文本"眼霜",然后在 SmartArt 工具中将 SmartArt 样式选为"嵌入",如图 3-73 所示。

步骤 3:在"SmartArt 工具"中的"格式"中将文字环绕方式设为"衬于文字下方"。

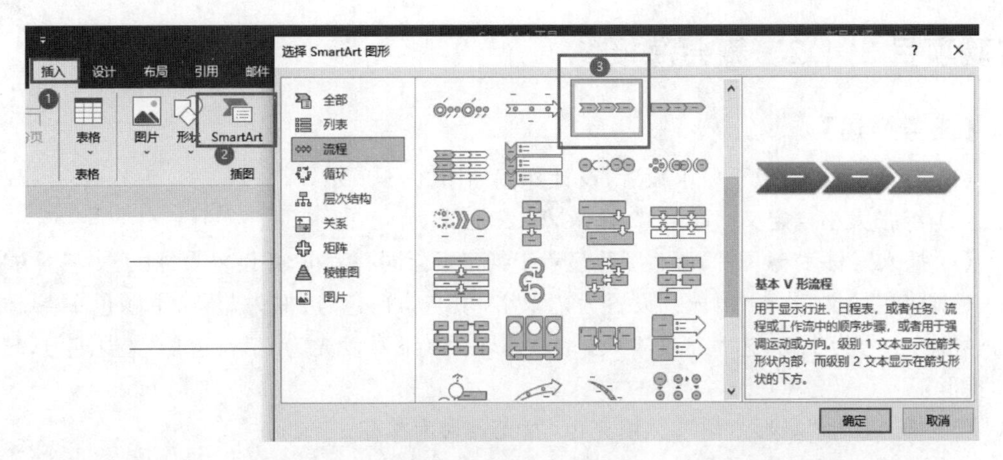

图 3-72　SmartArt 流程图

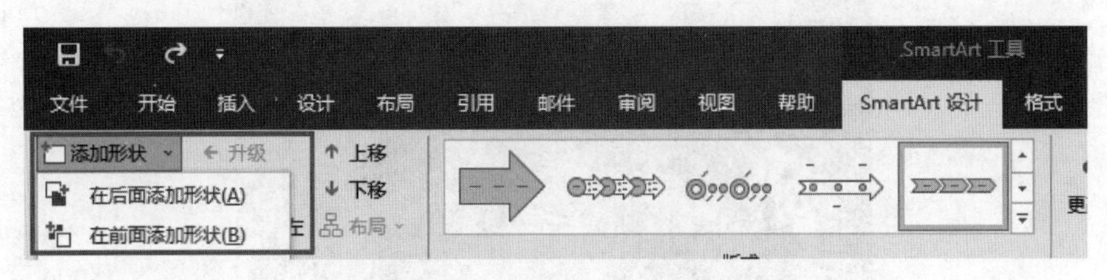

图 3-73　添加流程图形状和样式

(7) 插入封面。

步骤 1：将光标放在第一行的最前处然后在“插入”选项卡中将封面设为“花丝”样式。

步骤 2：在标题文本框输入“新品介绍”，然后在副标题文本框输入“柔和保湿系列”，删除“日期”文本框，如图 3-74 所示。

步骤 3：在“设计”选项卡，选择“水印”→“自定义水印”，将“文字水印”设为“BUTTER”，颜色为紫色，字体为华文彩云，如图 3-75 所示。

图 3-74　封面

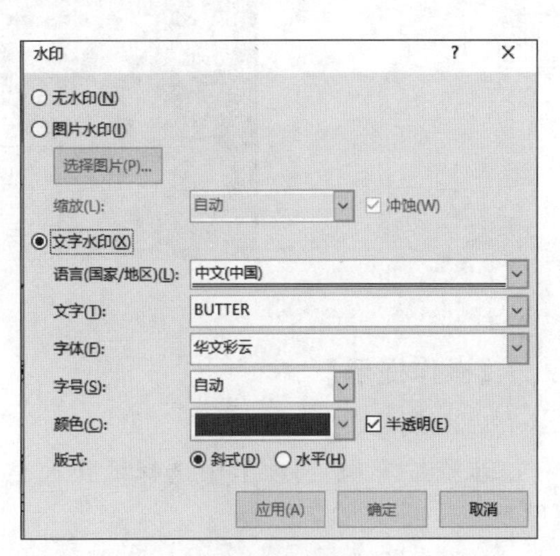

图 3-75　水印

实验项目 3.4.2 舞会海报

【任务描述】

(1) 打开素材,按以下要求设置,设计样例如图 3-76 所示。

(2) 纸张大小自定义:宽 17.7 厘米,高 26 厘米。

(3) 插入素材-背景图片,调整图片显示于纸张页面同一大小,并设置为"衬于文字下方"。

(4) 将主题文字"青春舞会"设置为艺术字,填充为白色、边框为蓝色,主题色 1,字体为方正舒体,字号为小初,艺术字文本效果为阴影内部(下),发光为 5 磅、蓝色,主题色 1,转换为"梯形正"。

(5) 插入图形"星形六角",无填充色,发光效果为深蓝。

(6) 设置文本框内容如图 3-76,文本框内容字体设置:方正舒体,三号,文本框无边框。

图 3-76 样张

【操作提示】

(1) 纸张大小。

步骤:"布局"选项卡中选择纸张大小→"其他纸张大小",设置宽 17.7 厘米、高 26 厘米。

(2) 背景。

步骤 1:插入素材图片,调整图片大小覆盖页面。

步骤 2：设置文字环绕，衬于文字下方。

(3) 艺术字。

步骤 1：在“插入”选项卡中选择艺术字(填充-白色，边框-蓝色，主题色 1)，然后输入“青春舞会”，再在“开始”选项卡中将字体设为方正舒体、小初、加粗，如图 3-77 所示。

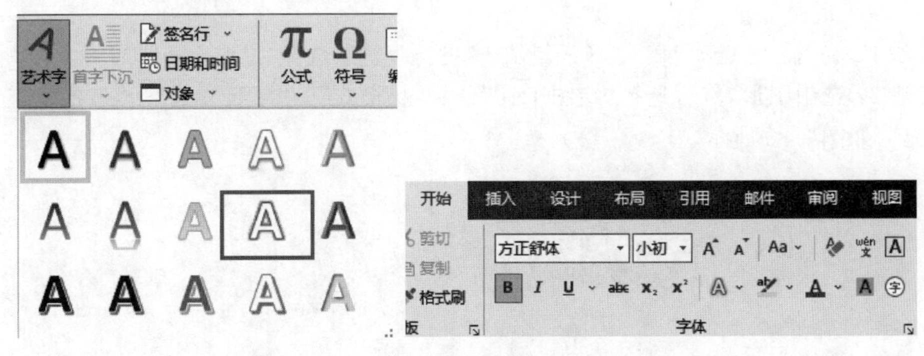

图 3-77　艺术字

步骤 2：先选中艺术字，然后找到“绘图工具”→“形状格式”→“艺术字样式”→“文本效果”→阴影→内部(下)，如图 3-78 所示。

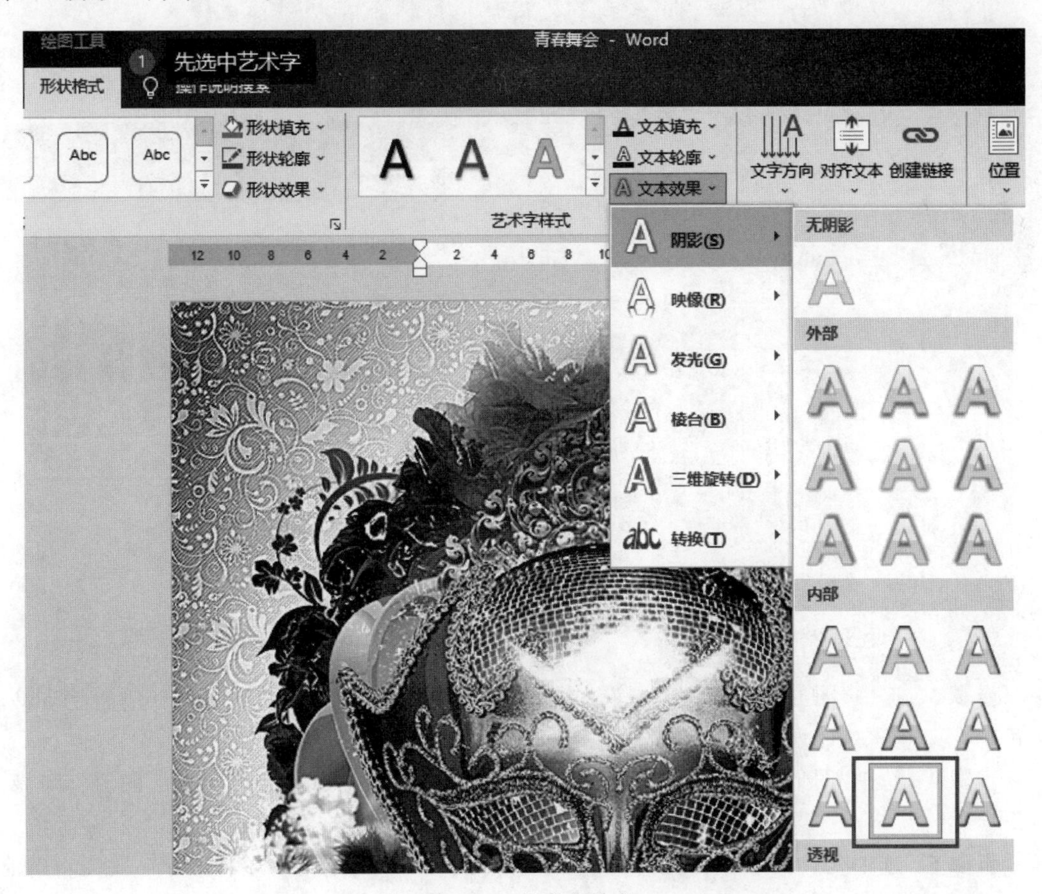

图 3-78　艺术字样式

步骤 3：选中艺术字，然后选择“绘图工具” →“形状格式”→“艺术字样式”→“文本效果”→发光：5 磅、蓝色，主题色 1。

步骤 4：选中艺术字，然后选择“绘图工具”→“形状格式”→“艺术字样式”→“文本效果”→转换：梯形 正。

(4) 六星形图形。

步骤 1：在“插入”选项卡中选择“形状”→“星与旗帜”，选择“星形六角”，如图 3-79 所示。

步骤 2：选中图形，然后选择“绘图工具”→“形状格式”→“形状样式”→“形状填充”选择“无填充”，如图 3-80 所示。

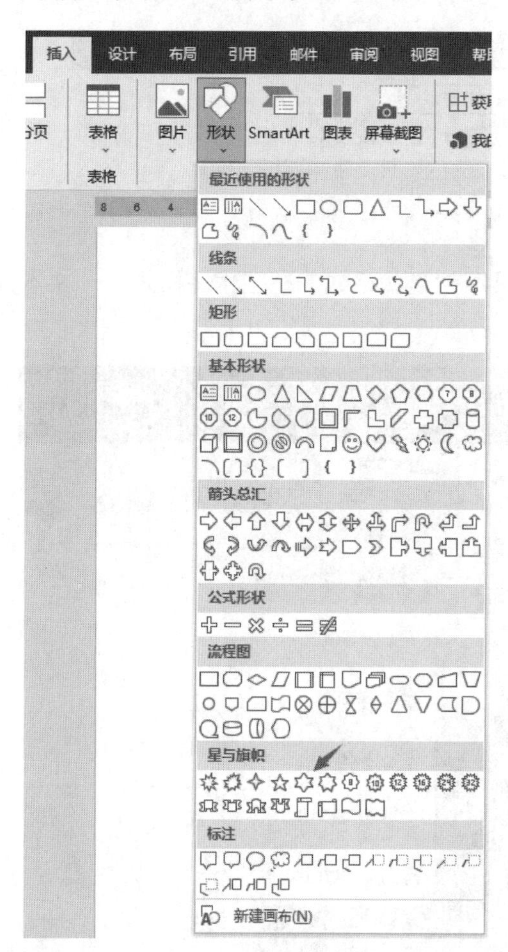

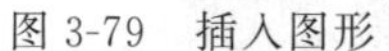

图 3-79 插入图形

图 3-80 图形形状样式

步骤 3：选中“图形”→“绘图工具”→“形状格式”→形状样式→形状轮廓→白色 背景 1，深色 15%，如图 3-81 所示。

步骤 4：选中“图形”→“绘图工具”→“形状格式”→形状样式→形状效果：阴影：偏移：右下。

步骤 5：选中“图形”→“绘图工具”→“形状格式”→形状样式→形状效果：发光：其他亮色 深蓝，如图 3-82 所示。

步骤 6：选中“图形”→“绘图工具”→“形状格式”→“文字环绕”，然后选择“浮于文字上方”。

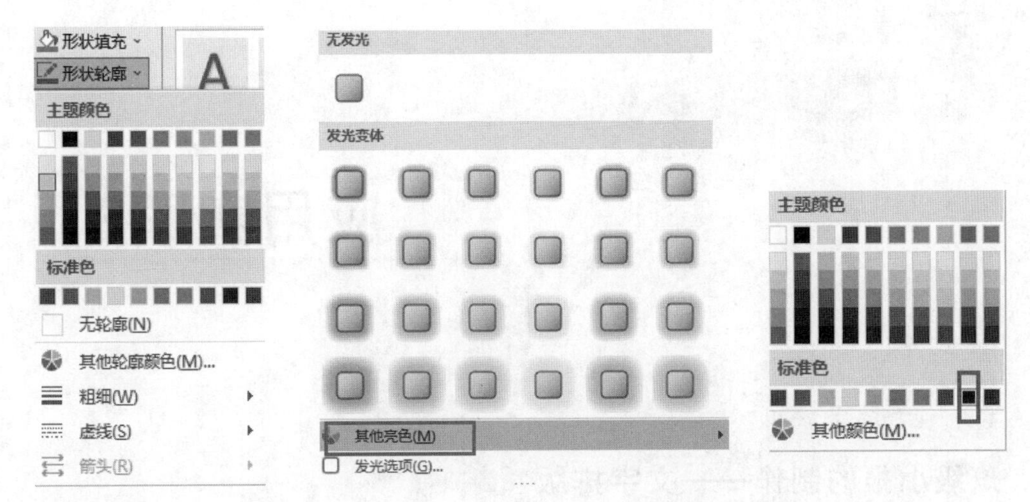

图 3-81 形状样式-形状轮廓　　　　图 3-82 图形形状效果-发光

(5) 文本框。

步骤 1： “插入”选项卡→“简单文本框”,输入内容如样张 3-84。

步骤 2:“开始”选项卡→“字体设置”,方正舒体,三号。

步骤 3:选中文本框,然后选择“绘图工具”→“形状格式”→“文本填充”,选择浅灰色背景 2、深色 75%,如图 3-83 所示。

步骤 4:选中图形,然后选择“绘图工具”→“形状格式”→“形状样式”→“形状效果”,选择“发光”,如图 3-84 所示。

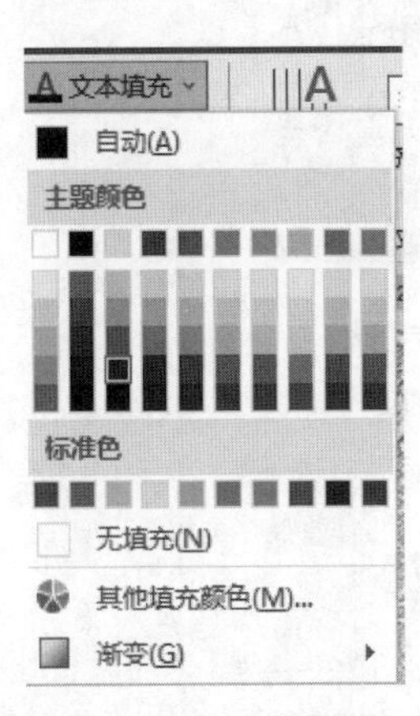

图 3-83 文本框设置

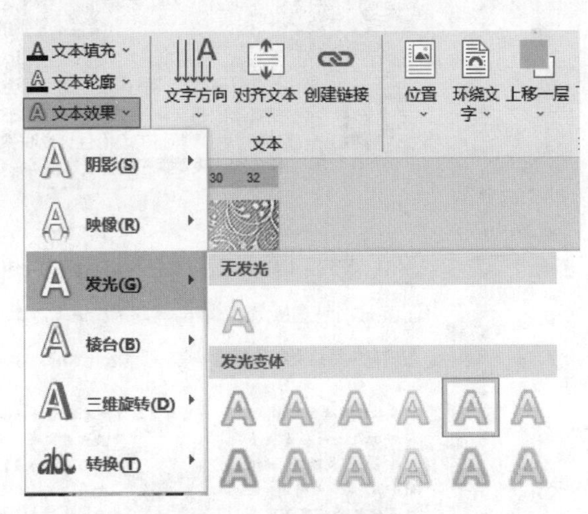

图 3-84 图形设置

应用实践3

1. 班级小报的制作——文字排版

【实践目的】

通过制作一份"班级小报"来完成综合排版，如图 3-85 所示。

小报--2019-4-14

想象力与音乐

想象力恐怕是人类所特有的一种天赋。其它动物缺乏想象力，所以不会有创造。在人类一切创造性活动中，尤其是科学、艺术和哲学创作，想象力都占有重要的地位。因为所谓人类的创造并不是别的，而是想象力产生的最美妙的作品。

如果音乐作品能像一阵秋风在你的心底激起一些诗意的幻想和一缕缕真挚的思恋精神家园的情怀，那就不仅说明这部作品是成功的，感人肺腑的，而且也说明你真的听懂了它，说明你和作曲家、演奏家在感情上发生了深深的共鸣。

音乐这门抽象的艺术，本是一个充满着诗情画意、浮想连翩的幻想王国，这个王国的大门，对于一切具有音乐想象力、多少与作曲家有着相应内在生活经历和(心路历程)的听众，都是敞开着的。

贝多芬的田园交响乐，只对那些内心向往着大自然的景色（暴风雨、蜿蜒的小溪、鸟鸣、树林和在微风中摇的的野草闲花）的灵魂才是倍感亲切的。或者说，只有那些多少懂得自然界具有内在精神价值的人，才能在田园交响乐的旋律中获得慰藉和精神力量，才能用自己的想象力建造自己的精神家园。

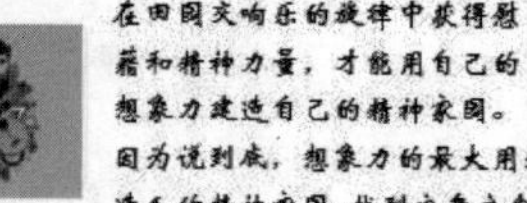

因为说到底，想象力的最大用处就是建造人的精神家园，找到安身立命的地方。

想象力与音乐

音乐的本质，实在是人的心灵借助于想象力，用曲调、节奏和和声表达自己怀乡、思归和寻找精神家园的一种文化活动国。 就像秋光千里、白云蓝天对每个人都是敞开的一样。

图 3-85　班级小报样例

【任务描述】

运用 Word 的图文混排技巧进行版面排版，可以设计出具有报纸风格的文稿。

打开"文字素材. docx"文档，按如下要求进行设置后，设计样例如图 3-85 所示。

【任务实践】

(1) 页面设置：纸张为 16 开，上下边距为 2.1 厘米，左右边距为 2.5 厘米。

(2) 添加页眉："小报-yy-mm-dd"；(" yy-mm-dd"为当前日期)，居左。

(3) 标题"想象力与音乐"设置为艺术字"第一行第二列"样式，大小为高 2 厘米，宽 9 厘米，艺术字间距为稀疏；字体为渐变橙色与绿色。

(4) 文中第四段设置成华文新魏，五号，其余段落字体均设为宋体，小四。

(5) 将第一段添加段落边框，线形为 1.5 磅橙色双线，并添加灰色 10%底纹；设置页面艺术边框。

(6) 将第二段首字下沉 3 行，距正文 1 厘米，字体为红色，黑体。

(7) 将第三段设置 1.5 倍行距，前后段间距均为 1 行。

(8) 将第三段按样图进行文字设置。

(9) 将第四段设置为偏左两栏格式，加分隔线。

(10) 按样图显示将图片插入到文档中；图片大小设置宽度为 2 厘米，高度为 2 厘米，四周型环绕。

(11) 将正文中的"音乐"均替换成红色、加粗、加着重号。

【操作提示】

(1) 第三段中的文字效果，"心路历程"如图 3-86 设置，其余文字须用到"带圈字符""拼音指南""上标、下标"。

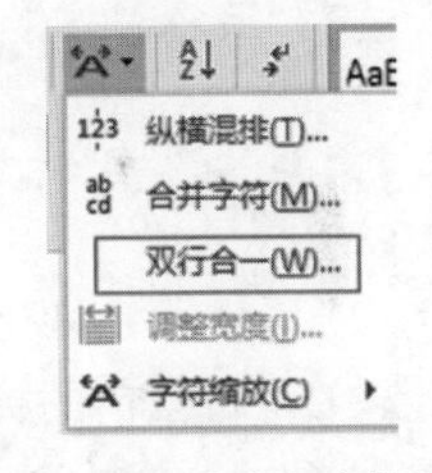

图 3-86　混合文字设置

(2) "想象力与音乐"文本框，前部分文字设置为华文彩云，文本框背景的填充是"形状填充→纹理"。

2. 茶文化节企划书——图文混排丰富文档

【实践目的】

通过制作企划书，设计封面，排版长篇文字后，生成目录。

【任务描述】

在一篇文章中，除了文字以外，还会经常包含其他类型的资料，如图片、图形、表格等，通过已学到的图文编辑功能，对这些图文、表格进行合理巧妙的编排。

打开"茶文化节企划书_文字素材. docx"文档，按如下要求进行设置后，以"茶文化节企划书. docx"为文件名保存在自己的文件夹中，设计样例如图 3-87 所示。

【任务实践】

(1) 设置企划书封面，可在 Word 自带封面中选取。

图 3-87　茶文化节设计样例

(2) 设置页边距上下为 2 厘米，左右为 3 厘米。

(3) 将每段前的标题设置为黑体一号、大纲级别 1 级，副标题设为华文行楷、小二号，大纲级别 3 级。正文首行缩进 2 个字符。

(4) 在活动时间及架构段落下，插入 SmartArt 图形，录入以下内容，调整相应配色，在 SmartArt 样式中设置“中等效果”如图 3-88 所示。

图 3-88　SmartArt 基本列表

(5) 在媒体宣传计划段落，插入表格，单元格水平居中，选择一种表格样式，表格内字体“微软雅黑”。

(6) 在花草茶段落中，为每一种花茶，插入相应图片，调整到合适位置，设置“紧密型环绕”，图片样式：简单框架，适当旋转图片，如图 3-89 所示。

除了有益身心外，有些花草茶中富含维生素 B、C、E 等抗氧化的成份，或是具有滋养肌肤、预防青春痘的功能，经常饮用可使妳容光焕发，神清气爽；有些花草茶则具有利尿、发汗、促进新陈代谢、消除体内脂肪的功能，可说是天然的美体良方。

1、茉莉花茶

茉莉花常被用来当作香水的基调，欧美人士常以茉莉花油和杏仁油来按摩身体。而茉莉花早被中国人当作茶叶饮用了，「茉莉香片」是中国北方居民的最爱。茉莉花有大量挥发精油，能使人的情绪得到稳定。茉莉花与粉红玫瑰花搭配冲泡饮用有瘦身的效果。传统将花跟茶叶一起冲泡，可达到松弛神经的效果，改善昏睡或焦虑感，对于月经失调及神经性敏感皮肤，有相当疗效，常饮可调养内分泌，润泽肤色。

【疗效】

安定情绪、去除口臭、明目。 淡淡的茉莉香味,适合对胃弱,慢性病,支气管炎等呼吸器官疾病使用；常饮可以调理内分泌，润泽肤色。可治腹痛慢性胃炎。肠胃不适，子宫保健，头晕安神。

【冲泡方法】

用四茶匙干燥的茉莉花加两茶匙的绿茶或一个红茶包，以开水冲泡。喝时，先闻闻它所散发的香味，再喝茶水。

2、玫瑰花茶

能保护肝脏胃肠,降火气,促进血液循环，调气血，调理女性生理问题，防皱纹，消除工作上的疲劳,促进肌肤的光滑弹性，同时可消除肌肤紧绷及干燥敏感，丰富的维他命成份可

图 3-89 花茶图片样式

(7) 在封面页后插入空白页，设置目录。

【操作提示】

(1) 封面的设置：选择“插入”选项卡→“封面”，然后选择一种封面。

(2) 图 3-88 的 SmartArt 图形：选择“插入”选项卡→“SmartArt”，然后选择基本列表，SmartArt 工具设计中，选择一种 SmartArt 样式和配色。

(3) 目录生成：根据目录等级要设置不同的样式标题，如图 3-90 所示，在“引用”选项卡中选择“目录”→“自动目录”。

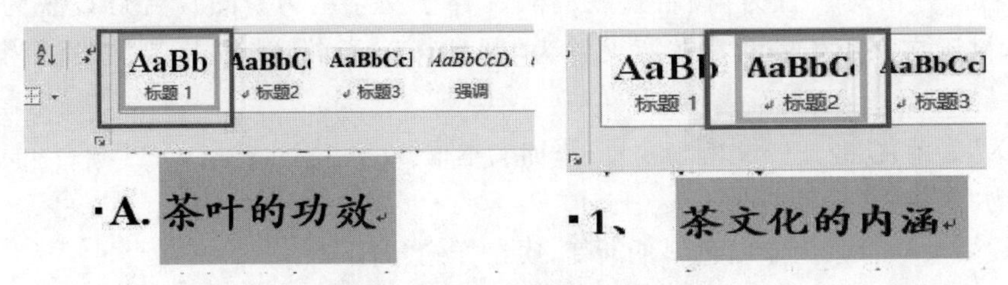

图 3-90 样式标题级别

(4) 自动目录的生成需要把“目录字段”设置标题样式，或者在“段落”中设置该文本的大纲级别，设置完成后，才能自动生成目录，如图 3-91。

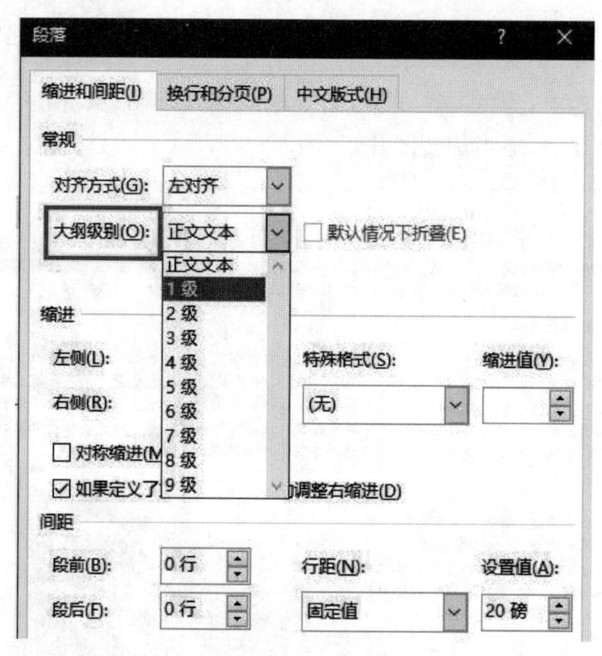

图 3-91　大纲级别

3. 制作宣传册——图文混排

【实践目的】

涉及图片插入编辑、背景、艺术字、调整图文关系的方法。

【任务描述】

本实训知识点涉及图片的插入和编辑、文本框的插入和编辑、调整图文关系的方法等，打开“宣传单”素材，按如下要求进行设置，设计样例如图 3-92 所示。

【任务实践】

(1) 设置标题为艺术字“第三行第三列”样式，文字填充为红色，转换为“倒三角”。

(2) 设置“思维即实物——造物阁”为艺术字“第一行第四列”样式，文本效果棱台为“斜面”，文字方向为竖排。

(3) 将图片吊灯设置为“棱台透视”样式，浮于文字上方；图片台灯设置为“映像圆角矩形”，衬于文字下方；图片花瓶设置为“圆柱体”，无轮廓，图片装饰设置为“棱台形椭圆”。

(4) 为“春节优惠……xx 街 168 号”添加文本框。

(5) 为“造物阁”设计一个 Logo。

(6) 设置文档背景为蓝白色斜下渐变，底纹样式“斜下”。

【操作提示】

(1) 标题艺术字设置：“倒三角”如图 3-93。

(2) 背景色设置：蓝白双色渐变。

新春惊爆优惠

3D 艺术——家居

千眼琉璃（吊灯）：

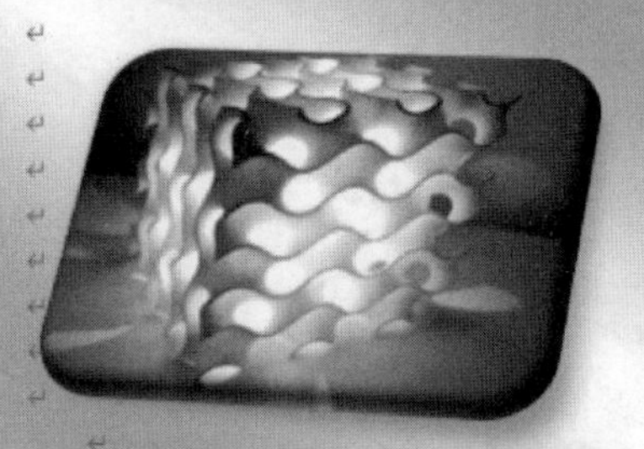

原　价：~~1688 元~~
优惠价：1148 元

瞭望沙漠（台灯）：

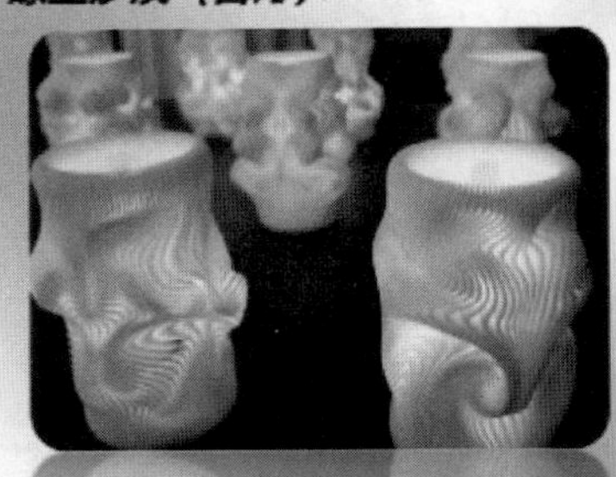

原　价：~~968 元~~
优惠价：658 元

舞动的天使（花瓶）：

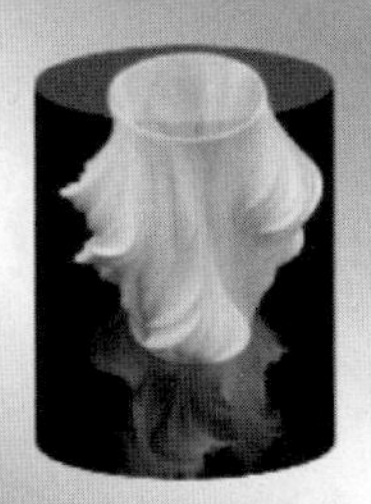

原　价：~~1188 元~~
优惠价：808 元

凤栖梧桐（装饰）：

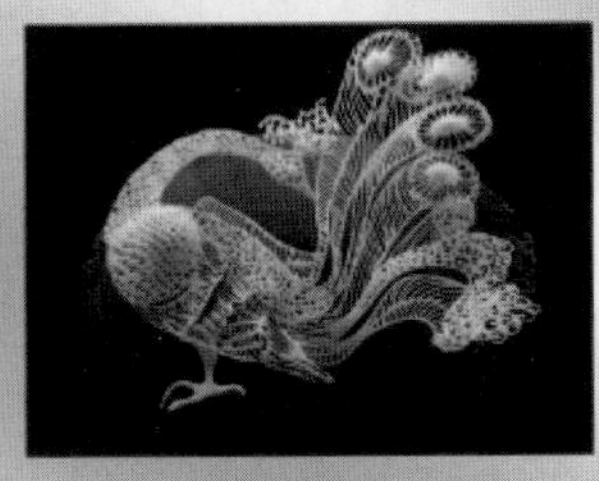

原　价：~~2688 元~~
优惠价：1828 元

思维即实物——造物阁

3D 艺术——饰品

水精灵吊坠：

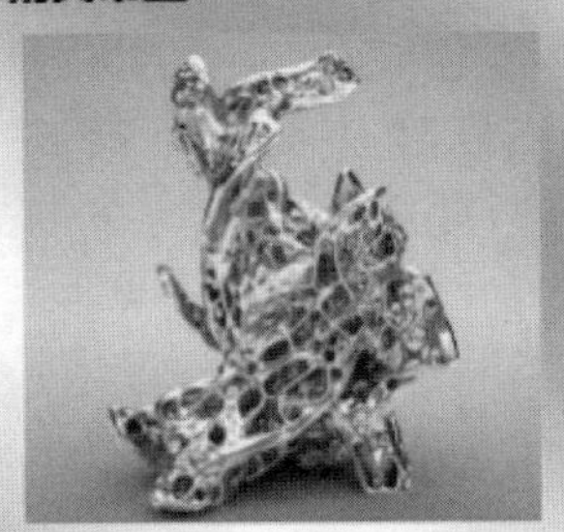

原　价：~~5888 元~~
优惠价：4008 元

春节优惠活动时间：除夕夜至元宵节期间

活动地址：成都市 郫都区 ××街 168 号

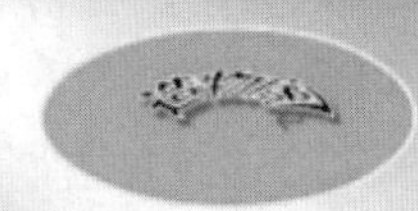

图 3-92　宣传单样例

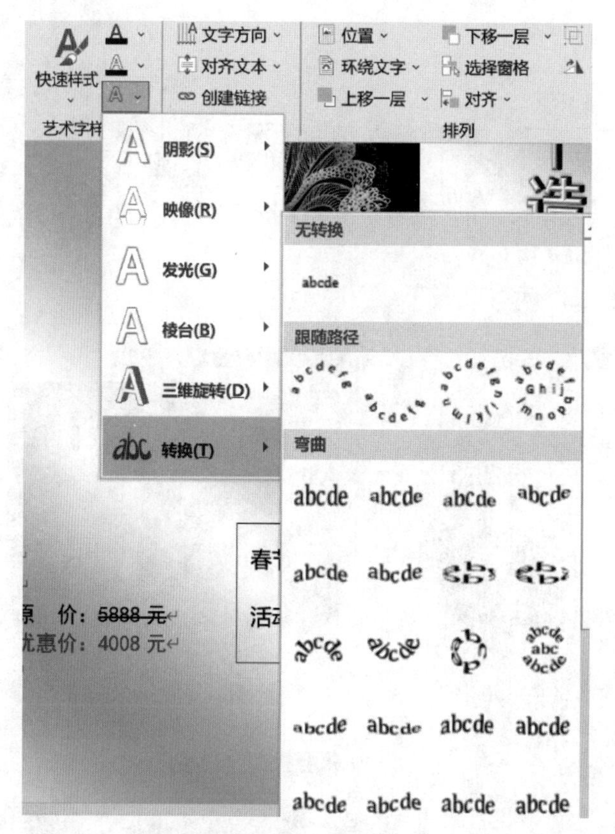

图 3-93 艺术字文本效果

4. 制作商品价格表——巧用 Word 制表位

【实践目的】

要求各行之间的项目上下对齐。

【任务描述】

制作一份“商品广告”，见样例图 3-94。

【任务实践】

(1) 标题内容设置：“营造放心消费环境”为华文彩云字体，前 4 个字依次为初号、小初、一号、小一，且文字依次提升，顶部对齐，“消费环境”为小二号，文字提升 14 磅。

(2) 第一行的“★★★★★”为小四号，文字提升 20 磅，第二行的“国美 3·15 家电节隆重开幕”为华文行楷、二号字、斜体且字体提升 16 磅，此行的“★★★★★”为小二号，文字提升 14 磅。

(3) 连续单击制表符按钮，当出现制表符 L 时，在标尺 2 厘米处单击，标尺上会出现一个左对齐制表符，用于定位列表文本，按 Tab 键，光标移至制表位，输入文字“长虹电视”，以此类推，如图 3-95。

营造放心消费环境★★★★

★★★★★国美3·15家电节隆重开幕

震撼天地

长虹电视	50E780U	6599.00元
海尔彩电	LD47M9000	5858.55元
创维电视	42HME6500	3288.85元

冰凉世界

海尔冰箱	BCD186	1238.20元
美的冰箱	BCD-516	4499.10元
美菱冰箱	BCD-566	6456.55元

金华商场　　金华人民西路广场............(029)33363058

国贸商场　　中华路1号　　............(029)85515687

图 3-94　商品广告

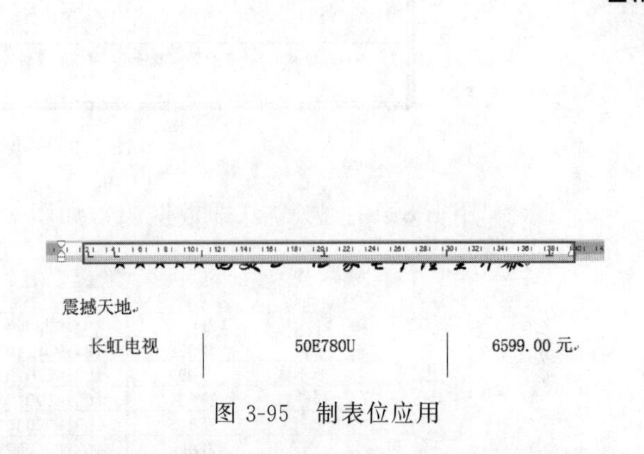

图 3-95　制表位应用

【操作提示】

制表位是与 Tab 键结合使用的，设定制表位之后，光标会自动移至制表位的设定位置。制表位共有 5 种类型：┗ ┻ ┛ ┻ ┃，从左到右依次为左对齐、右对齐、居中对齐、小数点对齐和竖线对齐，通过水平标尺最左侧的按钮来进行切换，设置制表位通常在输入指定文本或表格之前进行。(震撼天地、冰凉世界与虚线不设制表位)。

5. 制作准考证——邮件合并

【实践目的】

一式多份的制作，事半功倍。

【任务描述】

日常工作中，经常会使用到"准考证""录取通知书""邀请函"等。像这类的信件，仅更换称呼和具体的文字就可以了，不必一封封地单独写，使用 Word 的邮件合并功能，可以快速完成。

【任务实践】

(1) 建立准考证文档，样例如图 3-96 所示。

步骤 1：建立一个 5 行 5 列的表格，再利用拆分和合并的方法形成"准考证"的表格。

步骤 2：四周边框为 3 磅的双线边框，文字"准考证"下面是 1.5 磅双实线，"准考证号"到"座位号"之间无边框线。不合并，边框线设置为无。

步骤 3：标题为华文仿宋，小四号，居中；"准考证"为华文行楷、三号、居中；"准考证号"到"座位号"为宋体、五号。

步骤 4："注"等文字为华文仿宋、小五号，左对齐。

2017 年全国外语考试 准考证		
准考证号：	报考等级：	相片
姓名：	考场号：	
身份证号：	座位号：	
注：考试必带准考证、身份证、2B 铅笔、橡皮，不得带手机等通讯工具。		

图 3-96 准考证样例

(2) 用 Excel 建立表格(即数据源)，如图 3-97 所示。

	A	B	C	D	E	F
1	姓名	准考证号	身份证号	报考等级	考场号	座位号
2	汪一达	ZF001	103199905031000	B	1	3
3	周仁	ZF002	103199711031000	C	2	1
4	李小红	ZF003	103198807031000	A	3	2
5	周健胄	ZF004	103197901031000	C	4	12
6	张安	ZF005	103199903031000	B	5	4
7	钱四	ZF006	103198905211000	C	6	23
8	张颐	ZF007	103199410311000	A	7	41
9	李晓莉	ZF008	103199905031000	C	8	12
10	牛三	ZF009	103199902221000	B	9	31
11	张新电	ZF010	103199909091000	A	10	45
12	刘洪	ZF011	103199903221000	C	11	21
13	区云	ZF012	103199905031000	B	12	30

图 3-97 考生信息(数据源)

(3) 生成全部“准考证”(即邮件合并)。

步骤 1：选择“邮件”→“开始邮件合并”→“邮件合并分布向导”，选择文档类型“信函”下一步，选择“使用当前文档”下一步，单击“数据”，选择之前的“考生信息. xlsx”导入，如图 3-98～图 3-100。

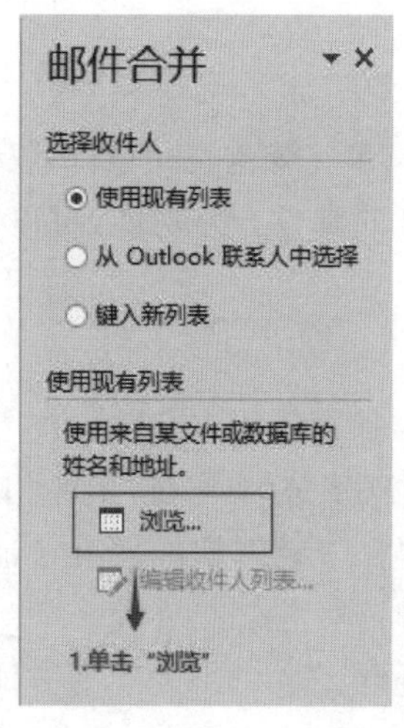

图 3-98 邮件合并向导

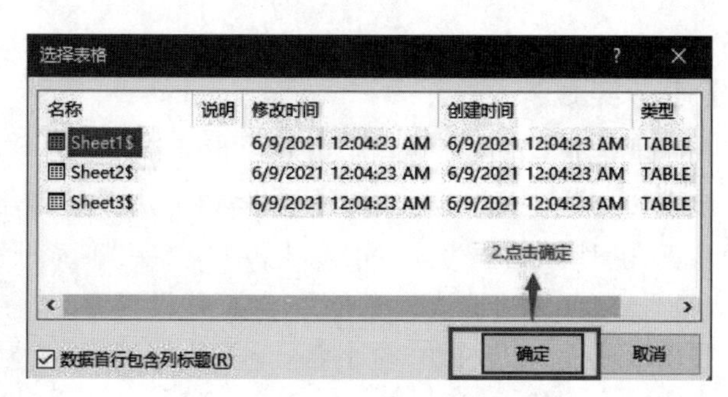

图 3-99 包含数据源的工作表

步骤 2：选择 Sheet1，确定，如图 3-100。

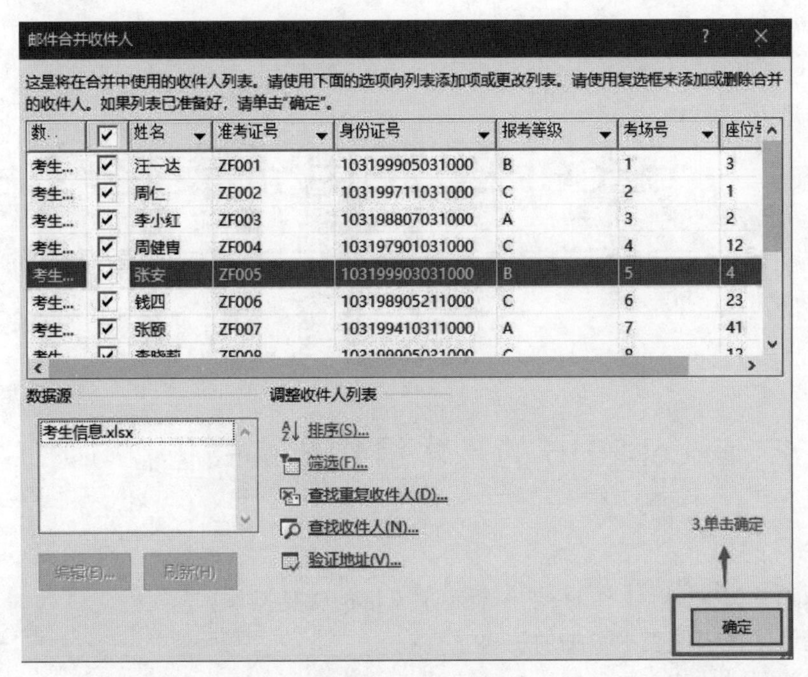

图 3-100　考生信息

步骤 3：选择"邮件"选项卡，插入合并域，将光标定位在要插入的相应位置，如图 3-101 所示。

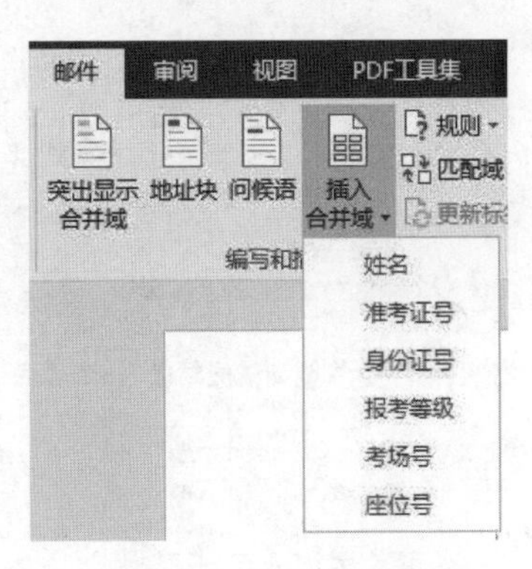

图 3-101　插入合并域

步骤 4：生成全部准考证，在"邮件"→"完成合并"→"编辑单个文档"，选择全部，确定即可。

【操作提示】

(1) 为了凸显考生的个信息"准考证号""报考等级""姓名"等，可以设置为楷体加粗。

(2) 建立数据源，数据源可以是 Word 中的一张表格，也可以是 Excel 文档中的一张电子表格，输入数据后保存，在"邮件分布向导"中获取数据。

Excel 2016电子表格软件

实验 4.1　Excel 2016 的基本操作与格式化

【实验目的】

（1）熟练掌握 Excel 工作簿、工作表和单元格的常见操作。

（2）熟练掌握工作表中数据的输入。

（3）掌握公式的建立与复制。

（4）掌握工作表中单元格的格式设置方法。

实验项目 4.1.1　制作学生体能测试成绩表

【任务描述】

进入“实验 4.1”文件夹，打开“2021 级 1 班学生体能测试成绩表”文档，按如下要求设置后，效果样例如图 4-1 所示。

	A	B	C	D	E	F
1	2021级1班学生体能测试成绩表（5个项目）					
2	序号	姓名	身份证号码	联系方式	测试日期	完成项目占比
3	1					
4	2					
5	3					
6	4					
7	5					
8						

Sheet1 | Sheet2 | Sheet3 | Sheet4 ...

图 4-1　“2021 级 1 班学生体能测试成绩表”样例

以班级为单位创建班内同学体能测试表。为防止多个班的记录表杂乱，按班创建存储在一个工作簿文件中，工作表命名为 2021-1、2021-2、2021-3……并将该工作表标签颜色设置为不同颜色突出显示。最后工作簿文件保存名称为“2021 级学生体能测试成绩统计表”，如图 4-2 所示。

【操作提示】

(1) 复制工作表，复制 3 张相同的体能测试成绩表。

步骤 1：打开“2021 级 1 班学生体能测试成绩表”文档。

2021级1班学生体能测试成绩表（5个项目）

序号	姓名	身份证号码	联系方式	测试日期	完成项目占比
1	赵丽丽	522128200412260026	18111839202	2021/1/2 10:10AM	1/5
2	王一可	522128200507080026	13728372984	2021/1/2 10:15AM	2/5
3	韩飞	522128200504020000	13618394625	2021/1/2 10:17AM	4/5
4	李若云	52212820050304002X	13546372894	2021/1/2 09:10AM	3/5
5	肖溪	522128200401030026	18637284736	2021/1/2 09:19AM	0

2021-1　2021-2　2021-3　20 …

图 4-2　“2021 级学生体能测试成绩统计表”完成

步骤 2：右击工作表标签“Sheet1”，在弹出的快捷菜单中选择“移动或复制”选项，打开“移动或复制工作表”对话框，如图 4-3 所示。

步骤 3：勾选“建立副本”，然后单击“确定”按钮。工作表复制完成，默认生成新的工作表，仿照此方法复制 3 张工作表。

(2) 工作表重命名为“2021-1”“2021-2”等，更改“工作表标签颜色”。

步骤 1：右击工作表标签“Sheet1”，在弹出的快捷菜单中分别选择“重命名”及“工作表标签颜色”两个选项，如图 4-4 所示。

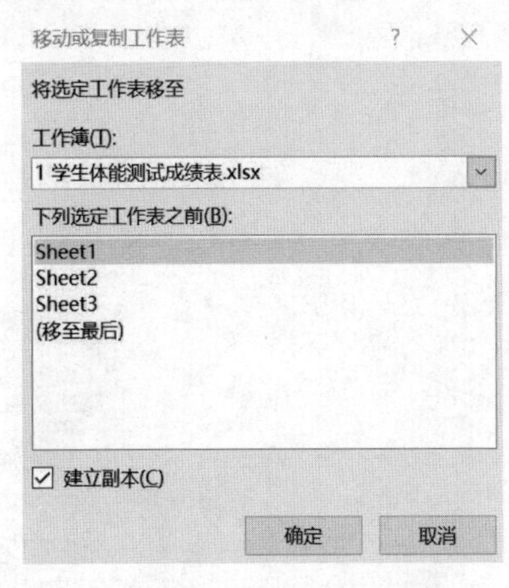

图 4-3　“移动或复制工作表”对话框

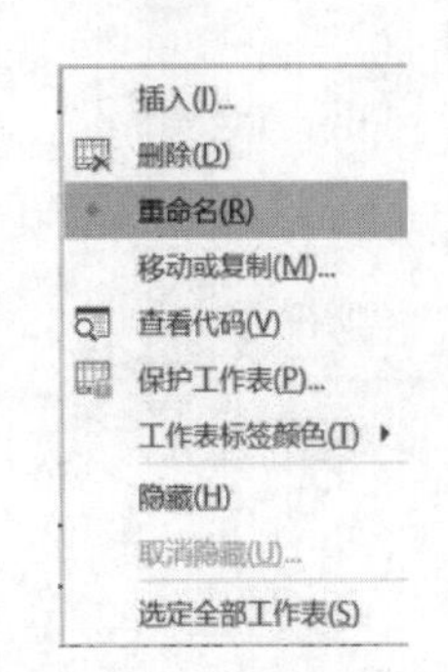

图 4-4　“重命名”快捷菜单

步骤 2：输入文字：“2021-1”然后按 Enter 键，随即在“工作表标签颜色”选项中任意选取颜色。仿照此方法为其他工作表更名，如图 4-5 所示。

图 4-5 “重命名”与添加”工作表标签颜色“后的效果

(3) 移动工作表,调整顺序为“2021-3”为第一个工作表,后面接着“2021-4”等。

步骤:鼠标左键选中要调整位置的工作表标签,同时按住鼠标左键进行调换位置。

(4) 删除多余空白工作表。

方法 1:单击“Sheet5”工作表标签,右击鼠标,在弹出的快捷菜单中选择“删除”命令,完成工作表的删除。

方法 2:如果执行一次操作将两个工作表同时删除,需要同时选定多个工作表。单击“Sheet5”,按下 Ctrl 键时,同时单击“Sheet6”,两个工作表同时选定,右击,在弹出的快捷菜单中选定“删除”即可。

(5) 插入工作表。

步骤:在工作表右侧,单击以下图示中加号按钮,即可插入新的工作表,如图 4-6 所示。

图 4-6 “插入工作表”按钮

(6) 录入个人信息,对不同数据类型设置恰当的格式,如身份证号码数字设置为文本格式、测试日期设置为 2012/3/14 1:30PM、分数(分母为一位数),分别进行相应的设置,如图 4-7 所示。

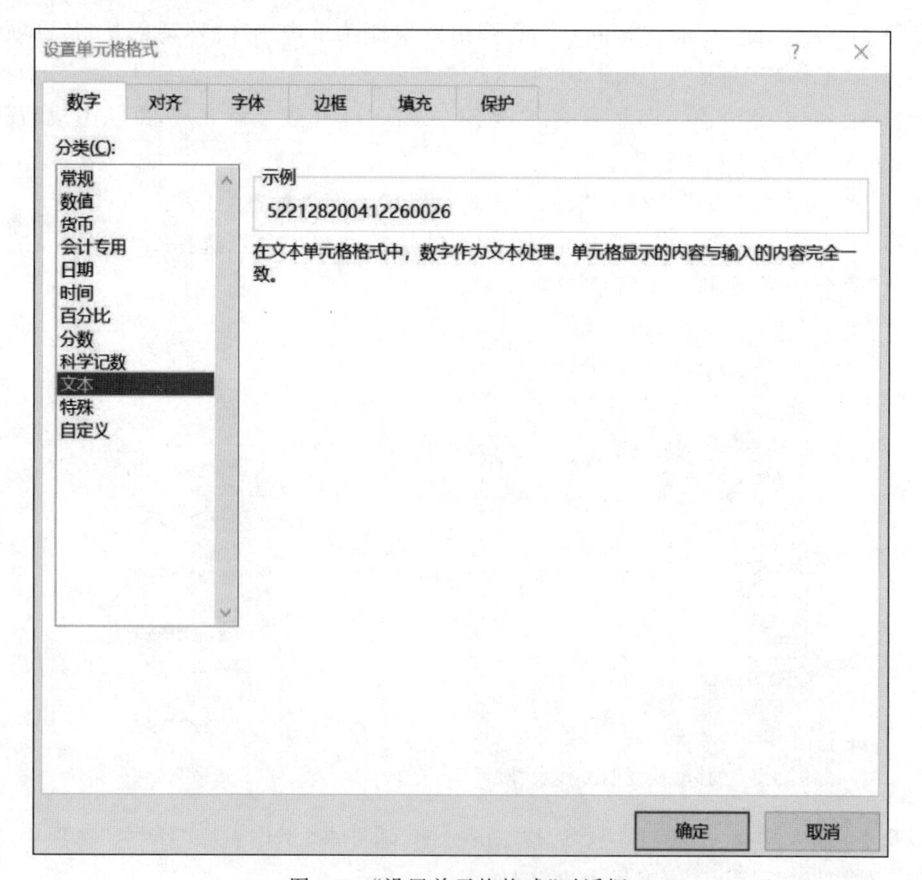

图 4-7 “设置单元格格式”对话框

实验项目 4.1.2 统计一周生活费支出

【任务描述】

以个人“一周生活费支出”的各种项目进行统计，标题栏进行单元格的合并，以及设置边框、背景颜色的填充。完成效果如图 4-8 所示。

	A	B	C	D	E	F	G	H
1	一周生活费支出							
2		星期一	星期二	星期三	星期四	星期五	星期六	星期日
3	饭卡	¥100.0					¥100.0	
4	购物				¥86.0			
5	话费		¥80.0					

图 4-8 “一周生活费支出”完成样张

【操作提示】

(1) 新建 Excel 文件，录入表格数据。

步骤 1：输入文字“一周生活费支出”，标题文字选择等线，字号为 14；表格内文字选择等线，字号为 11。表格内文字设置居中对齐。

步骤 2：将“饭卡、购物、话费”三行选中，然后右击鼠标，在弹出的快捷菜单中选定“设置单元格格式”，选择“数字”选项卡下分类为“货币”，小数位数保留 1 位，货币符号为¥，如图 4-9 所示。

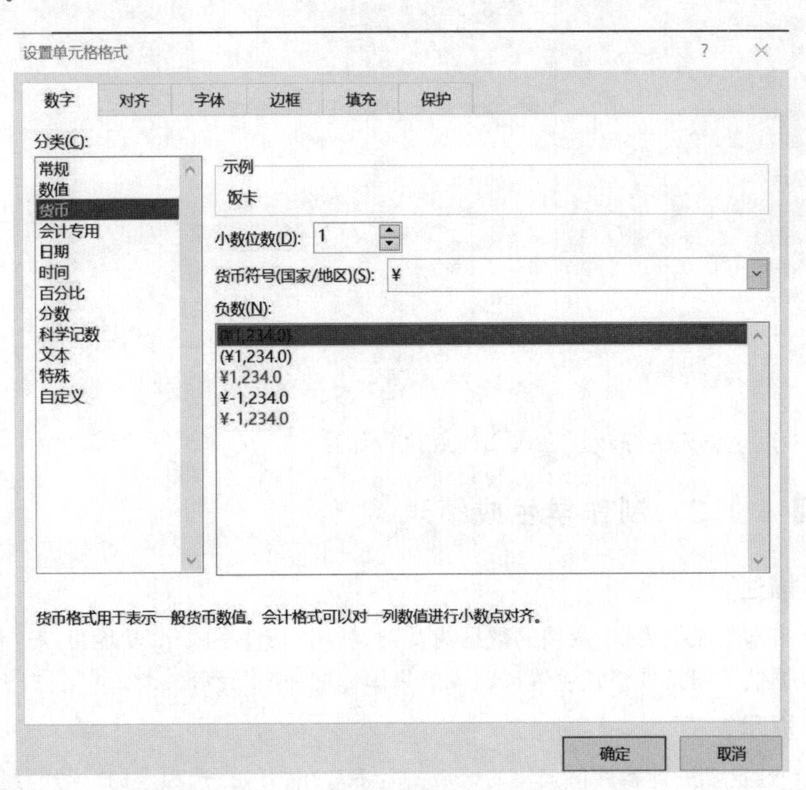

图 4-9 “设置单元格格式”对话框

(2) 合并单元格区域。

参照样表,选定 A1 到 H1 连续 8 个单元格,选择"开始"选项下的"对齐方式"组,然后单击"合并后居中"按钮,把多个单元格变为一个单元格,文字设置居中对齐,如图 4-10 所示。

合并后居中(C)
跨越合并(A)
合并单元格(M)
取消单元格合并(U)

图 4-10 合并居中

(3) 添加框线,美化表格样式。

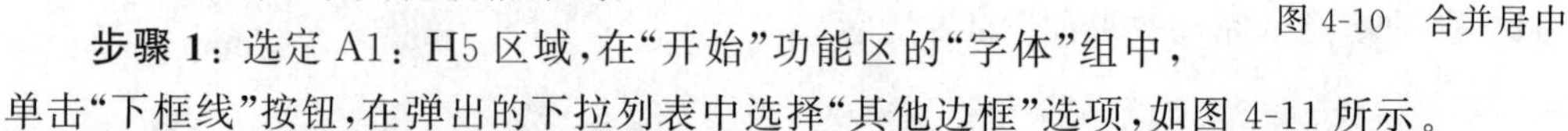

步骤 1:选定 A1:H5 区域,在"开始"功能区的"字体"组中,单击"下框线"按钮,在弹出的下拉列表中选择"其他边框"选项,如图 4-11 所示。

步骤 2:在弹出的"设置单元格格式"对话框中,选择"边框"选项,如图 4-12 所示,在左侧"线条样式"中选定单实线,单击边框预览区"内部"按钮;单击左侧的"线条样式"选定双实线,然后单击边框预览区"外边框"按钮,单击"确定"按钮完成对边框的设置。

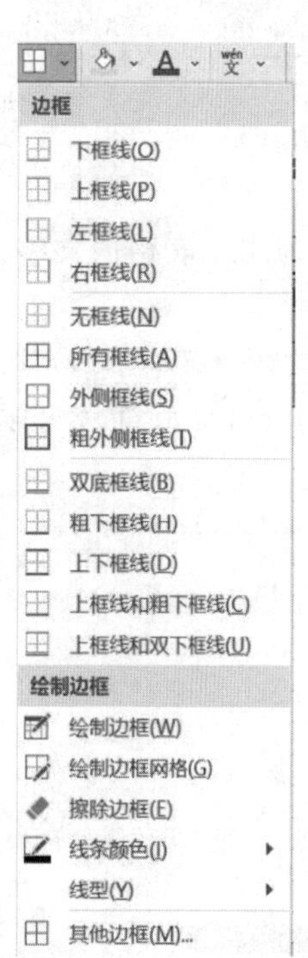
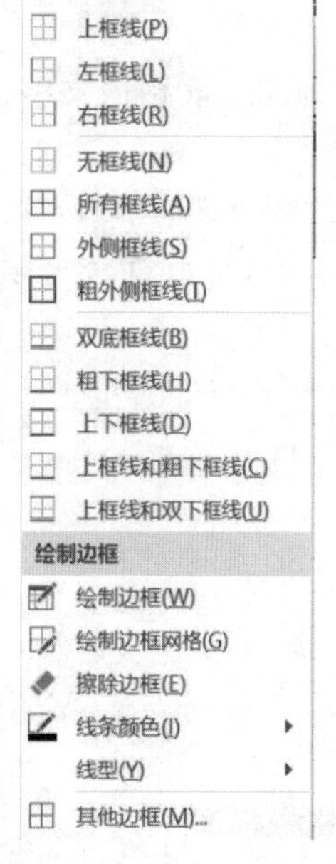

图 4-11 边框按钮菜单

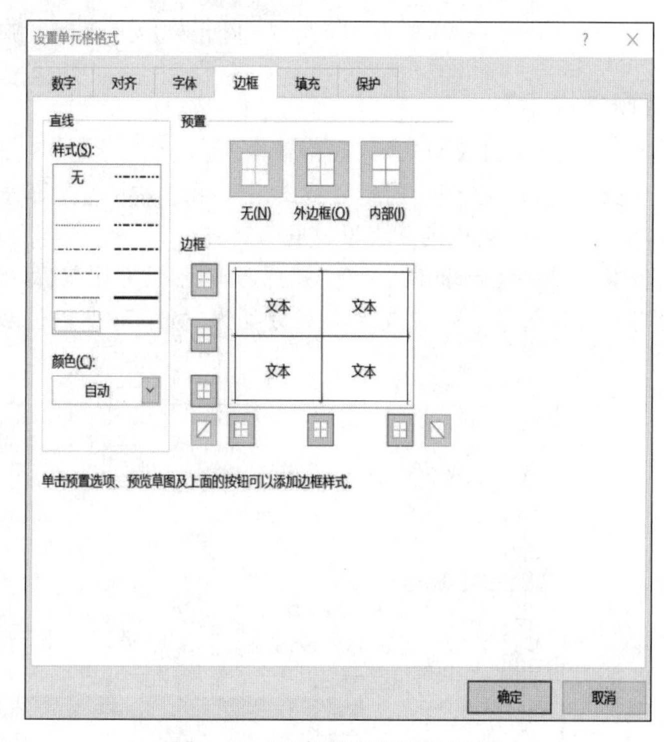

图 4-12 "边框"选项设置对话框

步骤 3:颜色填充为绿色。完成文档后执行保存。

实验项目 4.1.3 制作学生成绩表

【任务描述】

以"** 班学生成绩表"中成绩的数据为基础,利用"条件格式化"功能可以进行对指定的区域进行数据的不同条件格式设置。完成效果图如图 4-13 所示。

【操作提示】

步骤 1:选定要进行条件格式化的区域 C3:E7,在"开始"选项卡的"样式"组中单击"条件格式"下拉按钮,在弹出的下拉列表中选择"大于"如图 4-14 所示。

	A	B	C	D	E
1	**班学生成绩表				
2	学号	姓名	语文	数学	英语
3	2021001	郑时	90	77	87
4	2021002	韩萌萌	78	98	96
5	2021003	赵芳	67	60	80
6	2021004	张洛	88	87	79
7	2021005	李思思	96	78	88

图 4-13　“** 班学生成绩表”完成效果图

步骤 2：将条件设为大于 79，设置为浅红填充色深红色文本，然后单击“确定”按钮，如图 4-15 所示。

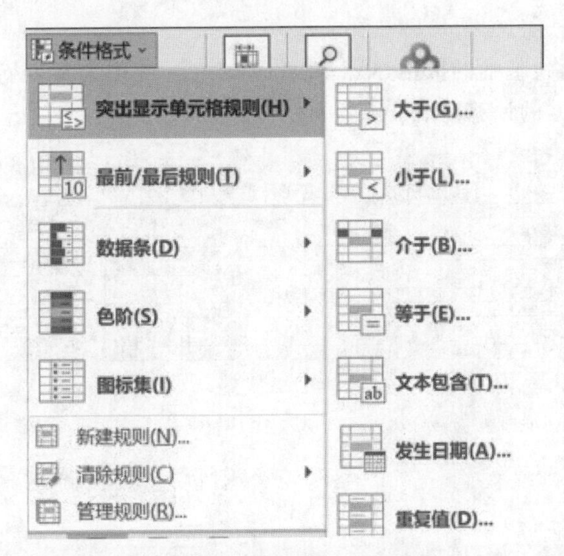

图 4-14　“条件格式”选项

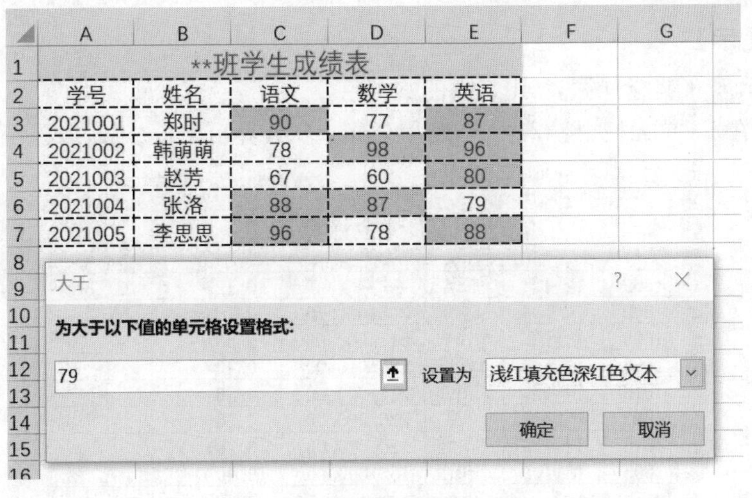

图 4-15　设置条件为大于 79

实验 4.2 Excel 2016 的数据计算

【实验目的】

(1) 熟练掌握公式与函数的使用方法。

(2) 熟练掌握公式与函数的复制方法。

(3) 熟练掌握单元格相对地址的引用方法。

制作某公司员工档案表

【任务描述】

建立以奖金、考勤为基础的数据,最后在此基础之上使用公式、函数等综合运用算出工资总表。完成各项数据的计算,如图 4-16 所示。

某公司员工档案表(月工资结算单)

工号	隶属部门	姓名	基本工资				奖金	缺勤扣款	应发工资	代缴社会保险					代缴个税	实发工资
			职务工资	工龄工资	岗位工资	合计				养老保险	医疗保险	失业保险	住房公积金	合计		
1609	销售部	王瑛	500.0	200.0	400.0	1100.0	98.2	100.0	1098.2	88.0	22.0	11.0	55.0	176.0	0.0	922.2
1602	销售部	赵兵	3000.0	1000.0	1000.0	5000.0	1680.4	0.0	6680.4	400.0	100.0	50.0	250.0	800.0	457.0	5423.4
1620	销售部	马汉民	2000.0	800.0	1000.0	3800.0	1555.0	0.0	5355.0	304.0	76.0	38.0	190.0	608.0	287.0	4460.0
1604	销售部	叶清宏	1500.0	500.0	500.0	2500.0	720.0	300.0	2920.0	200.0	50.0	25.0	125.0	400.0	57.0	2463.0
1618	销售部	宋海涛	800.0	200.0	800.0	1800.0	1055.0	0.0	2855.0	144.0	36.0	18.0	90.0	288.0	31.0	2536.0
1607	销售部	洪嘉	2000.0	1000.0	800.0	3800.0	1180.0	40.0	4940.0	304.0	76.0	38.0	190.0	608.0	224.0	4108.0
1616	销售部	朝晓霞	800.0	500.0	1000.0	2300.0	240.0	0.0	2540.0	184.0	46.0	23.0	115.0	368.0	8.6	2163.4
1605	销售部	李艳新	800.0	500.0	800.0	2100.0	732.0	0.0	2832.0	168.0	42.0	21.0	105.0	336.0	24.8	2471.2

奖金总额=销售金额*奖金比例
缺勤扣款计算方法是:请假5天及以内扣20元/天,超过5天扣300元
应发工资=基本工资+奖金一缺勤扣款
养老保险金=基本工资*8%
医疗保险=基本工资*2%
失业保险=基本工资*1%
住房公积金=基本工资*5%
实发工资=应发工资-社会保险费-代缴个税

工资总表 | 奖金 | 考勤

图 4-16 "某公司员工档案表(月工资结算单)"完成样张

【操作提示】

(1) 计算"员工奖金计算表"中每人的奖金总额。

步骤 1:在 F3 单元格中输入"=",利用公式求积计算出奖金总额,如图 4-17 所示。

员工奖金计算表

工号	隶属部门	姓名	销售金额	奖金比例	奖金总额
1609	销售部	王瑛	65,480.00	0.15%	=D3*E3
1602	销售部	赵兵	336,080.70	0.50%	
1620	销售部	马汉民	311,000.00	0.50%	
1604	销售部	叶清宏	180,010.00	0.40%	
1618	销售部	宋海涛	211,000.00	0.50%	
1607	销售部	洪嘉	236,000.00	0.50%	
1616	销售部	朝晓霞	120,020.00	0.20%	
1605	销售部	李艳新	183,000.00	0.40%	

工资总表 | 奖金 | 考勤

图 4-17 利用公式求积计算出奖金总额

步骤 2：将 F 列选中，设置奖金总额列的数字显示格式，保留小数位数为 1 位，如图 4-18 所示。

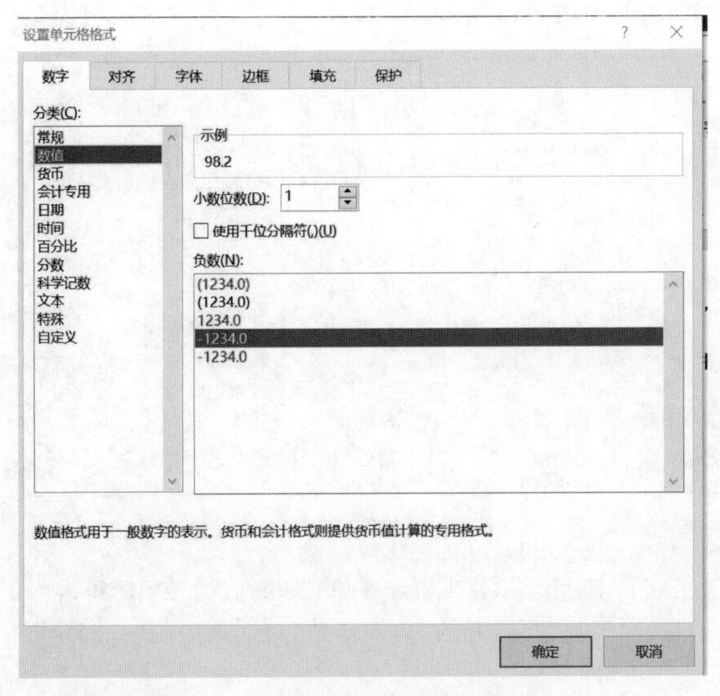

图 4-18　设置奖金总额列的数字显示格式

步骤 3：选中 F3 单元格右下角的复制柄拖移至 F10 单元格完成公式复制。

(2) 计算"员工考勤表"中每人的缺勤扣款。

步骤 1：选中 E3 单元格，在打开的"插入函数"对话框中的"选择函数"列表框中选择"IF"函数，如图 4-19 所示。

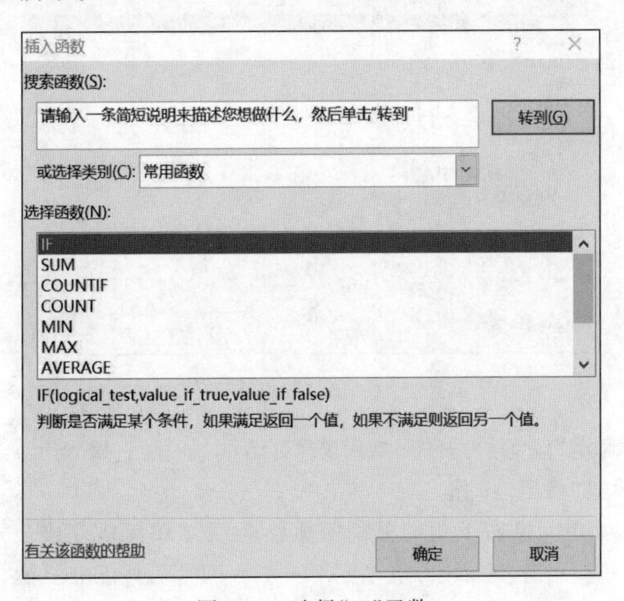

图 4-19　选择"IF"函数

步骤 2：单击“确定”按钮，打开“函数参数”对话框，在“Logical-test”文本框中输入“D3＜＝5”，在“Value-if-true”文本框中输入“D3 * 20”，在“Value-if-false”文本框中输入“300”，单击“确定”按钮，如图 4-20 所示。

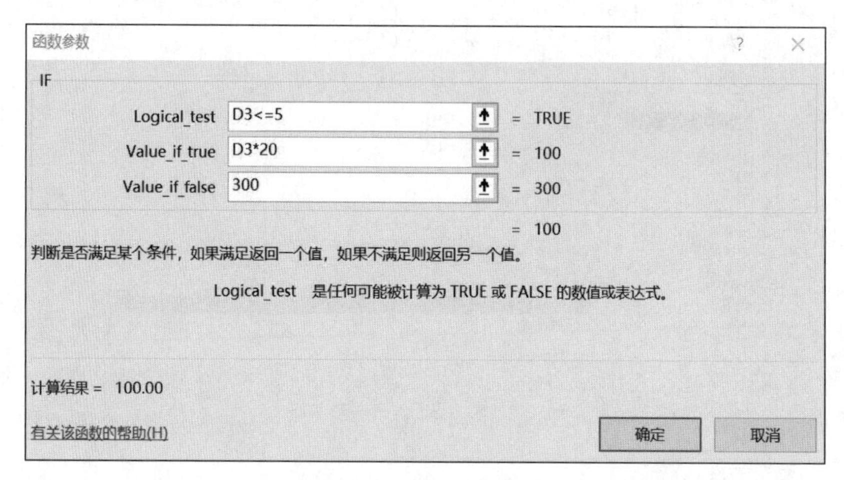

图 4-20　输入函数参数

(3) 计算“某公司员工档案表(月工资结算单)”中每人的各项所得。

步骤 1：选中 G4 单元格，在打开的“插入函数”对话框中的“选择函数”列表框中选择“SUM”函数，如图 4-21 所示。

插入函数
搜索函数(S):
请输入一条简短说明来描述您想做什么，然后单击“转到”
转到(G)
或选择类别(C): 常用函数
选择函数(N):
SUM
COUNTIF
COUNT
MIN
MAX
AVERAGE
RANK
SUM(number1,number2,...)
计算单元格区域中所有数值的和
有关该函数的帮助
确定
取消

图 4-21　选择“SUM”函数

步骤 2：单击“确定”按钮，打开“函数参数”对话框，如图 4-22 所示。

步骤 3：再次单击“确定”按钮。

步骤 4：选中 G4 单元格右下角的复制柄拖移至 G11 单元格完成公式复制。

步骤 5：选中 J4 单元格，输入公式：“＝G4＋H4－I4”后按 Enter 键，求出此列的应发工资项，如图 4-23 所示。

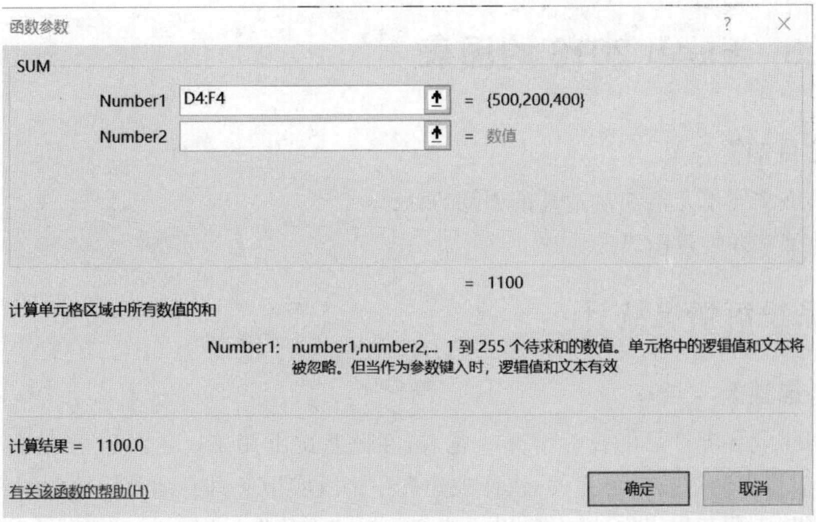

函数参数

SUM

Number1　D4:F4　= {500,200,400}

Number2　　= 数值

= 1100

计算单元格区域中所有数值的和

Number1: number1,number2,... 1 到 255 个待求和的数值。单元格中的逻辑值和文本将被忽略。但当作为参数键入时，逻辑值和文本有效

计算结果 = 1100.0

有关该函数的帮助(H)　确定　取消

图 4-22　“函数参数“对话框

I4　=G4+H4-I4

某公司员工档案表（月工资结算单）

	F	G	H	I	J	K	L
2	基本工资						
3	岗位工资	合计	奖金	缺勤扣款	应发工资	养老保险	医保
4	400.0	1100.0	98.2	100.0	=G4+H4-I4	88.0	22.
5	1000.0	5000.0	1680.4	0.0		400.0	100
6	1000.0	3800.0	1555.0	0.0		304.0	76.
7	500.0	2500.0	720.0	300.0		200.0	50.
8	800.0	1800.0	1055.0	0.0		144.0	36.
9	800.0	3800.0	1180.0	40.0		304.0	76.
10	1000.0	2300.0	240.0	0.0		184.0	46.
11	800.0	2100.0	732.0	0.0		168.0	42.

工资总表　奖金　考勤

图 4-23　在 J4 单元格输入的公式

步骤 6：根据备注条件，利用公式，依次求积，算出养老保险、医疗保险、失业保险、住房公积金，以上对应四项数据。

步骤 7：选中 O4 单元格，按照上面的方法，用“SUM”函数求出此列的合计项。

步骤 8：选中 Q4 单元格，输入公式：“＝J4－O4－P4”后按 Enter 键，求出此列的实发工资项。

(4) 工作表命名。

双击工作表标签“Sheet1”，输入文字“工资总表”；双击工作表标签“Sheet2”，输入文字“奖金”；双击工作表标签“Sheet3”，输入文字“考勤”即可。

(5) 保存文档。

步骤 1：单击“文件”→“另存为”命令。

步骤 2：在打开的“另存为”对话框中，将文档以“某公司员工档案表(员工月工资结算单).xlsx”为文件名保存于自己的文件夹中。

实验 4.3 Excel 2016 的图表

【实验目的】

(1) 熟练掌握单元格绝对地址的引用方法。

(2) 熟练掌握创建图表的方法。

企业产品投诉情况统计

【任务描述】

建立以企业各项产品的投诉情况一览表,在此基础上用 Excel 2016 提供的 14 类图表功能,选择表格中的数据就可方便、快捷地建立一个既实用又具有多种风格的图表。使用图表可以直观地表达工作表中的数据,以便增加数据的可读性。完成效果如图 4-24 所示。

【操作提示】

1. 合并标题行单元格

步骤 1: 选中 A1: C1 单元格区域。

步骤 2: 在“开始”选项卡的“对齐方式”组中单击“合并后居中”下拉按钮,在弹出的下拉列表中选择“合并后居中”选项即可。

2. 计算工作表中所列项目

(1) 计算投诉量的总计。

步骤 1: 选中 B6 单元格。

步骤 2: 直接单击编辑栏中的“插入函数”按钮,打开“插入函数”对话框,选择“SUM”函数,单击“确定”按钮打开“函数参数”对话框,再单击“确定”按钮即可。

(2) 计算各类产品的投诉量所占比例。

步骤 1: 选中 C3 单元格,输入公式: “=B3/$B$6”后按 Enter 键,如图 4-25 所示。

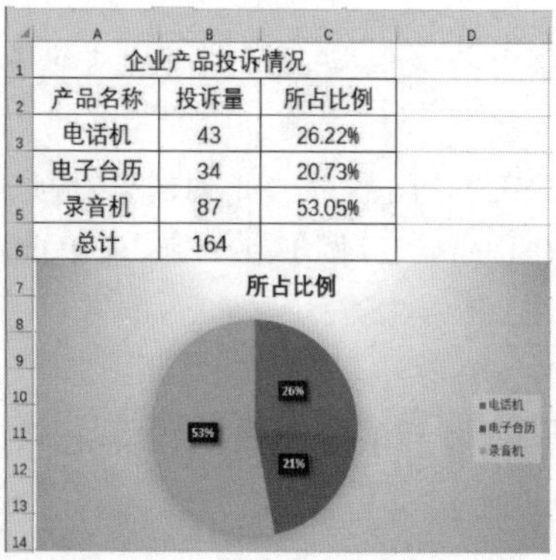

企业产品投诉情况		
产品名称	投诉量	所占比例
电话机	43	26.22%
电子台历	34	20.73%
录音机	87	53.05%
总计	164	

所占比例

图 4-24 企业产品投诉情况统计图表设计样例

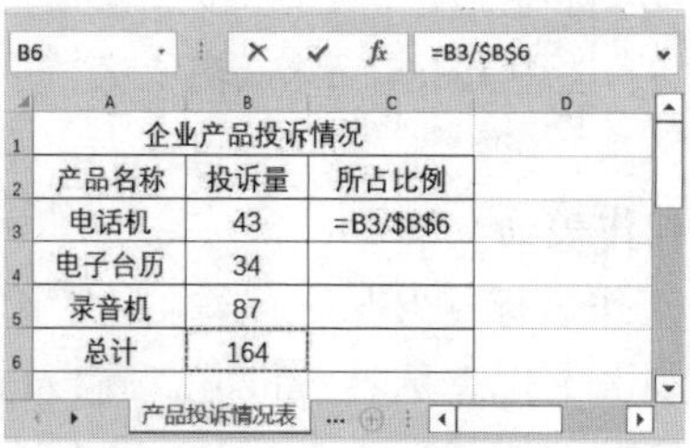

B6 =B3/$B$6

企业产品投诉情况		
产品名称	投诉量	所占比例
电话机	43	=B3/$B$6
电子台历	34	
录音机	87	
总计	164	

产品投诉情况表

图 4-25 在 C3 单元格输入的公式

步骤 2: 单击选中 C3 单元格右下角的复制柄,将其拖移至 C5 单元格完成公式复制。

步骤 3: 选中 C3: C5 单元格区域,切换至“开始”选项卡的“数字”组中,单击“设置单元格格式：数字”按钮，打开“设置单元格格式”对话框，在“数字”选项卡下的“分类”框中选择“百分比”选项，并将右侧的“小数位数”调整成2位，单击“确定”按钮，如图4-26所示。

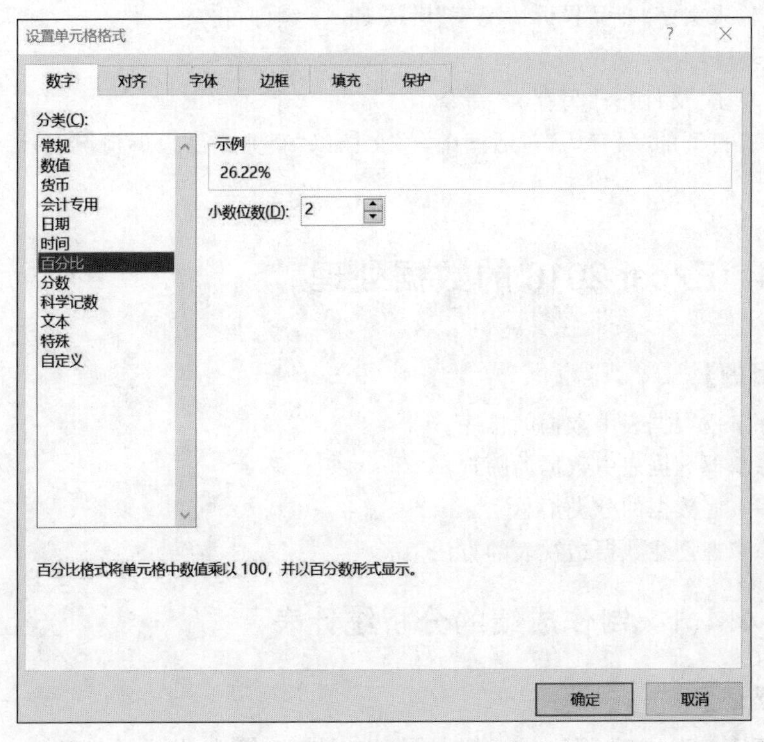

图4-26 将小数转换成百分数

3. 创建图表

步骤1：选中“产品名称”列和“所占比例”列的内容。

步骤2：在“插入”选项卡的“图表”组中单击“饼图”下拉按钮，在弹出的下拉列表中选择“二维饼图”即可，如图4-27所示。

步骤3：在图表的右侧可一次对图表元素、图表样式、图表筛选器进行勾选，如图4-28所示。

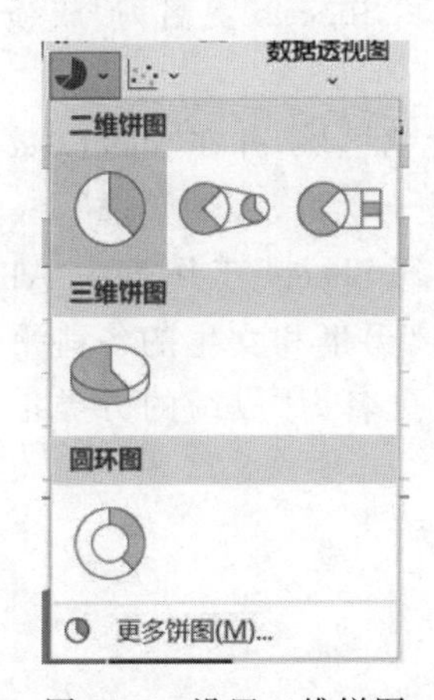

图4-27 设置二维饼图

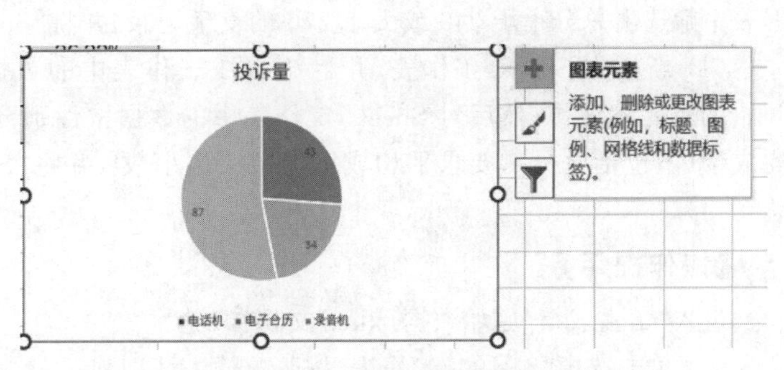

图4-28 设置图表元素、图表样式、图表筛选器

4. 工作表命名

步骤 1：双击工作表标签“Sheet1”。

步骤 2：输入文字“产品投诉情况表”后按 Enter 键即可。

5. 保存文档

步骤 1：单击“文件”→“另存为”命令。

步骤 2：在打开的“另存为”对话框中，将文档以“企业产品投诉情况统计. xlsx”为文件名保存。

实验 4.4 Excel 2016 的数据处理

【实验目的】

(1) 熟练掌握数据表中数据的排序。

(2) 熟练掌握数据表中数据的筛选。

(3) 熟练掌握数据的分类汇总。

(4) 熟练掌握创建数据透视表的方法。

实验项目 4.4.1 制作成绩的分析统计表

【任务描述】

建立成绩表初表，在此基础上完成对成绩进行排序、筛选、分类汇总三部分的操作。

打开“学生成绩原始数据. xlsx”文档，对数据表中的数据按如下要求进行处理最后以“学生成绩-处理结果. xlsx ”为文件名保存于自己的文件夹中。如要参考设计样例，可打开“学生成绩-处理结果(样张). xlsx”文档查看。

(1) 在 Sheet1 数据表的“姓名”列右边增加“性别”列，前面五名均为男生，后面五名均为女生。

(2) 将 Sheet1 数据表复制到 Sheet2 中 A1 开始的单元格区域，然后将 Sheet2 中的数据按性别排列，男生在上，女生在下，性别相同的按总分降序排列，并将“Sheet2”更名为“成绩的排序”。

(3) 将 Sheet1 工作表中的数据复制到 Sheet3 中 A1 开始的单元格区域，并在 Sheet3 数据表中筛选出总分小于 240 或大于 270 的女生记录，并将“Sheet3”更名为“成绩的筛选”。

(4) 新插入 Sheet4 工作表，并将 Sheet1 工作表中的数据复制到 Sheet4 工作表中 A1 开始的单元格区域，然后对 Sheet4 工作表中的数据按性别分别求出男生和女生的各科平均成绩(不包括总分)，要求平均成绩保留一位小数 ，并将“Sheet4”更名为“成绩的分类汇总”。

【操作提示】

进入“学生成绩_原始数据. xlsx”文档。

(1) 单击选中“Sheet1”工作表，按要求插入性别列。

步骤 1：选中“英语”列的任意单元格。

步骤 2：在“开始”选项卡的“单元格”组中单击“插入”按钮，如图 4-29 所示。

步骤 3：在弹出的下拉列表中选择“插入工作表列”选项，如图 4-30 所示。

步骤 4：在插入的新列中输入列标题即字段名为“性别”，然后按要求输入字段值完成插入列操作。

(2) 将 Sheet1 数据表复制到 Sheet2 中，然后进行排序操作。

步骤 1：框选 Sheet1 工作表中 A1：F11 单元格区域。切换至“开始”选项卡的“剪贴板”组中，单击“复制”按钮。

步骤 2：单击 Sheet2 工作表标签，并选中 A1 单元格。切换至“开始”选项卡的“剪贴板”组中，单击“粘贴”按钮，完成数据表复制操作。

步骤 3：选中 Sheet2 数据表中任意单元格。切换至“开始”选项卡的“编辑”组中，单击“排序和筛选"按钮，弹出下拉列表，如图 4-31 所示，单击“自定义排序”选项，打开“排序”对话框，按题目要求主要关键字选“性别”，次序选“升序”，然后单击“添加条件”按钮，弹出次要关键字列表，次要关键字选“总分”，次序选“降序”，排序依据均选“数值”，如图 4-32 所示。单击“确定”按钮关闭对话框。

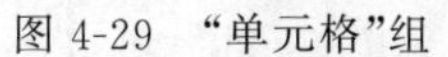

图 4-29　“单元格”组

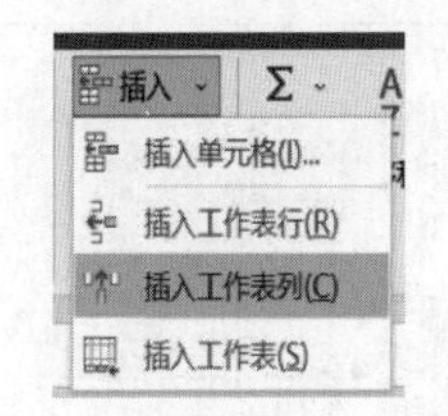

图 4-30　“插入”按钮下拉列表

图 4-31　“排序和筛选”按钮下拉列表

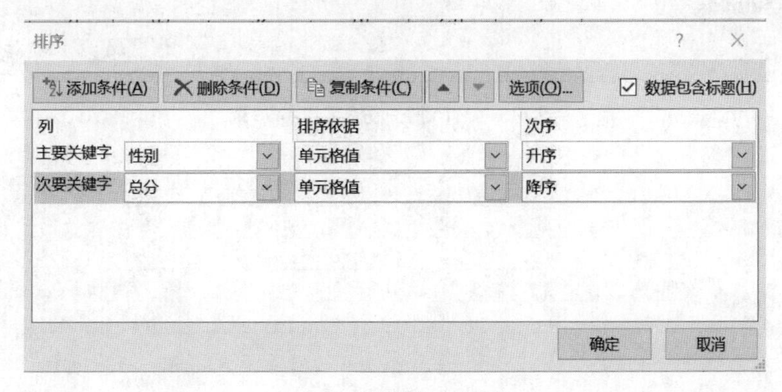

图 4-32　“排序”对话框

步骤 4：双击工作表标签名“Sheet2”，然后输入文字“成绩的排序”。

(3) 将 Sheet1 工作表中的数据复制到 Sheet3 中，并进行成绩的筛选。

步骤 1：按前述方法将 Sheet1 数据表中的数据复制到 Sheet3 数据表中。

步骤 2：选中 Sheet3 数据表中的任意单元格。切换至“开始"选项卡的“编 辑”组中，单击“排序和筛选”按钮，在下拉列表中选择“筛选”选项，此时，数据表列标题旁出现下三角按钮,此为筛选器,如图 4-33 所示。

	A	B	C	D	E	F
1	姓名	性别	英语	计算机	高等数学	总分
2	陈菲	女	87	80	76	243
3	李晓林	男	89	92	70	251
4	张丽	女	93	87	81	261
5	程一斌	男	76	68	77	221
6	邓小玲	女	83	97	93	273
7	杨莉	女	77	85	88	250
8	杨大伟	男	69	69	79	217
9	张博琴	男	84	93	58	235
10	梁颖	女	76	85	57	218
11	周凯	男	82	57	74	213

Sheet1 | 成绩的排序 | Sheet3 | ...

图 4-33 出现筛选器

步骤 3:单击“总分”筛选器,在下拉列表中选择“数字筛选”→“小于”选项命令,打开“自定义自动筛选方式”对话框。按题目要求,设置两个条件用“或”逻辑运算符连接,如图 4-34 所示。单击“确定”按钮,即可得到按“总分”字段筛选的结果,如图 4-35 所示。

自定义自动筛选方式 ? ×

显示行:

总分

小于 240

○ 与(A) ◉ 或(O)

大于 270

可用 ? 代表单个字符

用 * 代表任意多个字符

确定 取消

图 4-34 针对“总分”字段的筛选

	A	B	C	D	E	F
1	姓名	性别	英语	计算机	高等数学	总分
5	程一斌	男	76	68	77	221
6	邓小玲	女	83	97	93	273
8	杨大伟	男	69	69	79	217
9	张博琴	男	84	93	58	235
10	梁颖	女	76	85	57	218
11	周凯	男	82	57	74	213

Sheet1 | 成绩的排序 | Sheet3 | ...

图 4-35 针对“总分”字段筛选的结果

步骤 4:单击“性别”筛选器,在弹出的下拉列表中选择“文本筛选”→“等于”选项命令,打开“自定义自动筛选方式”对话框,设置性别为女,单击“确定”按钮,如图 4-36 所示。

步骤 5:按前述方法将“Sheet3”更名为“成绩的筛选”,双重筛选结果如图 4-37 所示。

图 4-36　针对“性别”字段的筛选

	A	B	C	D	E	F	G
1	姓名	性别	英语	计算机	高等数学	总分	
6	邓小玲	女	83	97	93	273	
10	梁颖	女	76	85	57	218	

Sheet1 | 成绩的排序 | 成绩的筛选 | ...

图 4-37　双重筛选结果

(4) 新插入 Sheet4 工作表,完成数据的复制和成绩的分类汇总。

步骤 1:单击工作表标签右侧的加号键,插入新的工作表,并将其更名为“成绩的分类汇总”。

步骤 2:按前述方法将 Sheet1 数据表中的数据复制到当前的新数据表中。

步骤 3:选中“性别”列任意单元格,切换至“数据”选项卡的“排序和筛选”组中,单击升序按钮,实现数据表按性别分类排列。

步骤 4:选中当前数据表中的任意单元格,在“数据”选项卡的“分级显示”组中单击“分类汇总”按钮,打开“分类汇总”对话框。

步骤 5:在“分类字段”列表框中选择“性别”选项,在“汇总方式”列表框中选择“平均值”,在“选定汇总项”列表框中撤销勾选“总分”复选框,勾选“英语”“计算机”“高等数学”复选框,如图 4-38 所示。

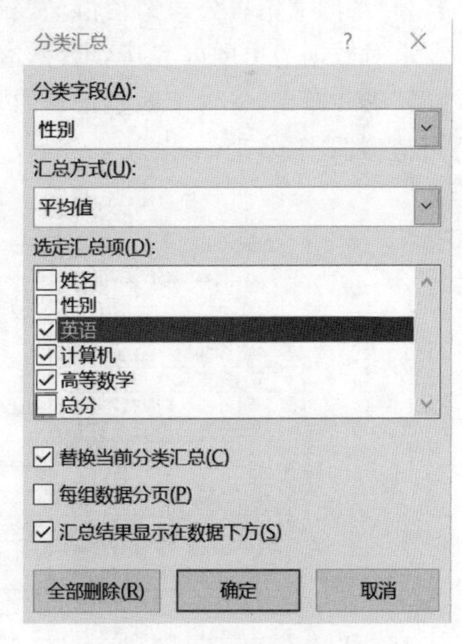

图 4-38　“分类汇总”对话框

步骤 6:然后单击“确定”按钮关闭对话框,数据经过分类汇总后,显示效果如图 4-39 所示。

【说明】　单击分类汇总数据表左上角的控制按钮,数据表中的数据将分级显示。

	A	B	C	D	E	F
1	姓名	性别	英语	计算机	高等数学	总分
2	李晓林	男	89	92	70	251
3	程一斌	男	76	68	77	221
4	杨大伟	男	69	69	79	217
5	张博琴	男	84	93	58	235
6	周凯	男	82	57	74	213
7		男 平均值	80	75.8	71.6	
8	陈菲	女	87	80	76	243
9	张丽	女	93	87	81	261
10	邓小玲	女	83	97	93	273
11	杨莉	女	77	85	88	250
12	梁颖	女	76	85	57	218
13		女 平均值	83.2	86.8	79	
14		总计平均值	81.6	81.3	75.3	

Sheet1 | 成绩的排序 | 成绩的筛选 | 成绩的分类汇总

图 4-39 分类汇总效果

实验项目 4.4.2 制作图书销售统计表

【任务描述】

打开“某图书销售公司销售情况表-原始数据.xlsx”文档,该文档部分数据如图 4-40 所示。要求对数据清单的内容建立数据透视表,按行为“图书类别”,列为“经销部门”,数据为“销售额”求和布局,并置于该数据表的 H2:L7 单元格区域,工作表名不变,最后以“图书销售公司销售图书-处理结果.xlsx”为文件名保存于自己的文件夹中。设计样例如图 4-41 所示。

	A	B	C	D	E	F
1	某图书销售公司销售情况表					
2	经销部门	图书类别	季度	数量(册)	销售额(元)	销售量排名
3	第3分部	计算机类	3	124	8680	42
4	第3分部	少儿类	2	321	9630	20
5	第1分部	社科类	2	435	21750	5
6	第2分部	计算机类	2	256	17920	26
7	第2分部	社科类	1	167	8350	40
8	第3分部	计算机类	4	157	10990	41
9	第1分部	计算机类	4	187	13090	38
10	第3分部	社科类	4	213	10650	32
11	第2分部	计算机类	4	196	13720	36
12	第2分部	社科类	4	219	10950	30
13	第2分部	计算机类	3	234	16380	28
14	第2分部	计算机类	1	206	14420	35
15	第2分部	社科类	2	211	10550	34
16	第3分部	社科类	3	189	9450	37
17	第2分部	少儿类	1	221	6630	29

图书销售情况表

图 4-40 “图书销售情况表”部分数据

【操作提示】

步骤 1:打开“图书销售情况表”原始数据,选中数据表中任意单元格,在“插入”选项卡

图 4-41　设计样例

的“表格”组中单击“数据透视表”按钮，如图 4-42 所示，在下拉列表中选择“数据透视表”选项，打开“创建数据透视表”对话框。

图 4-42　“数据透视表”下拉列表

步骤 2：在“请选择要分析的数据”栏，选中“选择一个表或区域”单选按钮，此时在“表格/区域”文本框中已选中需要创建数据透视表的数据(步骤 1 已选)。

步骤 3：在“选择放置数据透视表的位置”栏，选中“现有工作表”单选按钮，然后在“位置”文本框输入或选中放置数据透视表的区域，这里是“H2：L7”单元格区域，如图 4-43 所示；然后单击“确定”按钮，弹出“数据透视表字段列表”任务窗格。

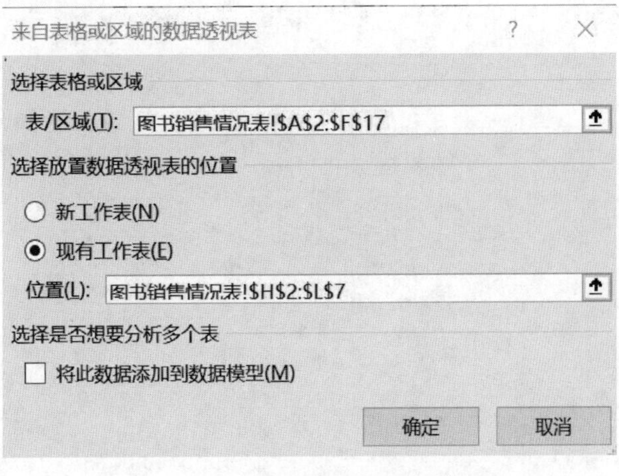

图 4-43　创建数据透视表对话框

步骤 4：在任务窗格中，分别拖动字段名"图书类别""经销部门""销售额"到行标签栏、列标签栏和求和栏，如图 4-44 所示。最后单击任务窗格右上角的关闭按钮。完成数据透视表的创建。

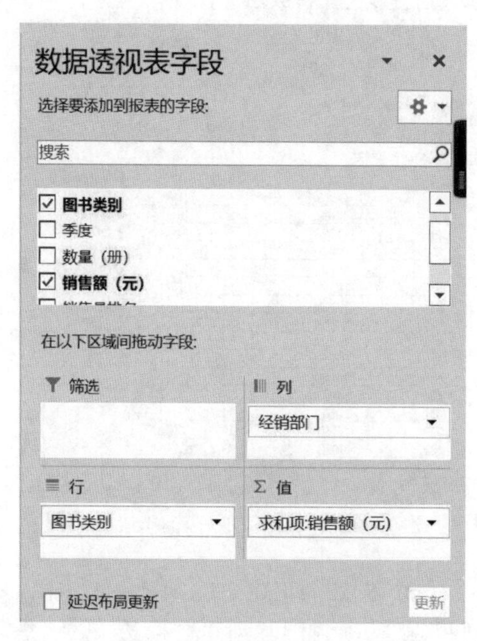

图 4-44 "数据透视表字段"列表

步骤 5：将文档以"图书销售公司销售图书-处理结果.xlsx"为文件名保存。

应用实践4

制作单位人员情况表

【实践目的】

通过制作一份“ ** 单位人员情况表”，熟练设置录入数据的形式、公式与函数的使用，以及设置数据排序、分类汇总、数据透视表、图表等。

【任务描述】

打开“ ** 单位人员情况表(3 月份)-原始数据. xlsx”文档，按如下要求进行设置后，完成数据透视表、分类汇总结果样例如图 4-45 与图 4-46 所示。

**单位人员情况表（3月份工资表）

序号	员工号	姓名	联系方式	身份证号码	所在部门	学历	岗位工资	薪级工资	其他津贴	应发合计	病假(天)	事假(天)	扣款金额	医保	失业保险	公积金	应发工资
10	53511010	赵想	13794730261	522136********	学生工作处	研究生	¥910.0	¥680.0	¥880.0	¥2,470.0				¥65.8	¥6.2	¥800.0	¥1,598.0
11	53515011	汪菲菲	18736209080	522137********	学生工作处	本科	¥860.0	¥580.0	¥880.0	¥2,320.0				¥43.6	¥10.1	¥800.0	¥1,466.3
					学生工作处 汇总												¥3,064.3
6	53511006	文黎	18175649032	522132********	项目部	本科	¥860.0	¥700.0	¥880.0	¥2,440.0				¥65.8	¥6.2	¥1,000.0	¥1,368.0
					项目部 汇总												¥1,368.0
8	53512008	王红	13683927560	522134********	科技处	博士	¥1,000.0	¥680.0	¥880.0	¥2,560.0				¥65.8	¥10.1	¥800.0	¥1,684.1
4	53511004	许飞	18736274830	522130********	科技处	博士	¥1,000.0	¥580.0	¥880.0	¥2,460.0				¥52.5	¥10.1	¥800.0	¥1,597.4
					科技处 汇总												¥3,281.5
9	53511009	罗林	18693745270	522135********	教务处	本科	¥860.0	¥780.0	¥880.0	¥2,520.0				¥65.8	¥10.1	¥800.0	¥1,644.1
2	53511002	张明	18392754739	522128********	教务处	本科	¥860.0	¥580.0	¥880.0	¥2,320.0				¥65.8	¥10.1	¥800.0	¥1,444.1
					教务处 汇总												¥3,088.2
7	53511007	陈美	18147390265	522133********	工会	研究生	¥910.0	¥890.0	¥880.0	¥2,680.0		2	¥200.0	¥43.6	¥10.1	¥800.0	¥1,626.3
5	53514005	周霞	13637564920	522131********	工会	研究生	¥910.0	¥500.0	¥880.0	¥2,290.0	1		¥100.0	¥65.8	¥10.1	¥800.0	¥1,314.1
					工会 汇总												¥2,940.4
3	53513003	熊兴建	13727459564	522129********	财务处	研究生	¥910.0	¥800.0	¥880.0	¥2,590.0				¥65.8	¥5.8	¥600.0	¥1,918.4
					财务处 汇总												¥1,918.4
12	53511012	罗成兴	13784630821	522138********	办公室	本科	¥860.0	¥790.0	¥880.0	¥2,530.0				¥65.8	¥10.1	¥800.0	¥1,654.1
1	53511001	李莉	13711830925	522128********	办公室	研究生	¥910.0	¥610.0	¥880.0	¥2,400.0		1	¥100.0	¥65.8	¥10.1	¥600.0	¥1,624.1
					办公室 汇总												¥3,278.2
					总计												¥18,939.0

注：病假、事假扣款均为100元/天；

图 4-45 “ ** 单位人员情况表(3 月份工资表)” 分类汇总表

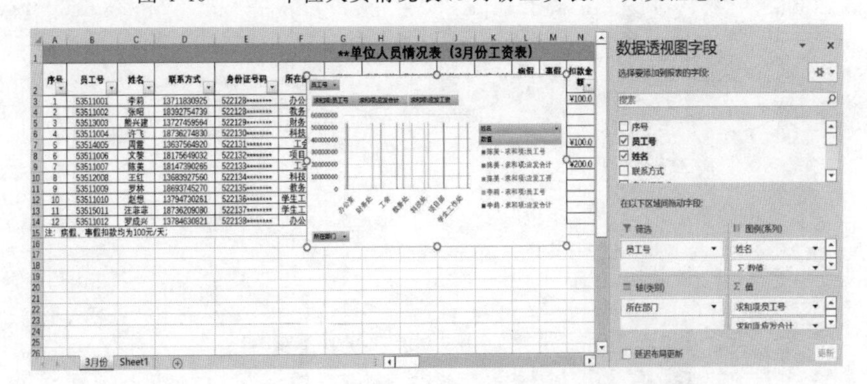

图 4-46 “ ** 单位人员情况表(3 月份工资表)”数据透视表

在一份表格中,除了简单的数据录入以外,还会经常使用到公式与函数等操作,通过已学到的各项操作,对表格的数据进行有条理、有规划地进行操作。

【任务实践】

(1) 录入数据后,运用公式、函数(AVERAGE、RANK、MAX、MIN)、筛选、排序、分类汇总、创建数据透视表等功能达到样张效果。

(2) 针对表格的行高、列宽能够适当的调整,标题与正文字号大小的设置,表格样式的美化设置。

【学习提示】

(1) 在进行运算时需注意单元格的正确选取,加减法的运用,以及各类函数的正确使用。

(2) 在进行分类汇总时,先进行筛选,方可继续下一步操作。

实验 5 PowerPoint 2016 演示文稿软件

实验 5.1　PowerPoint 2016 的基本操作

【实验目的】

(1) 掌握新建、保存、打开演示文稿的方法。

(2) 掌握插入、删除、移动、复制幻灯片的方法。

(3) 学会选择恰当的幻灯片版式；学会应用主题和模板；能熟练地进行文本的输入与编辑；掌握设置幻灯片背景的方法。

(4) 掌握插入剪贴画、图片、自选图形等常见多媒体信息的方法。

(5) 掌握设置幻灯片切换效果、自定义动画和应用超链接的方法。

(6) 学会设置演示文稿的放映方式并熟练掌握放映演示文稿的方法。

制作个人简历

【任务描述】

按图 5-1 所示设计样例设计制作一个演示文稿，最后以“李 ** 的个人简历静态演示文稿. pptx”为文件名保存于自己的文件夹中。设计所需图片、文字和表格素材均可在实验 5.1 文件夹下“李 ** 的个人简历——静态演示文稿(样张). pptx”文档中查看。

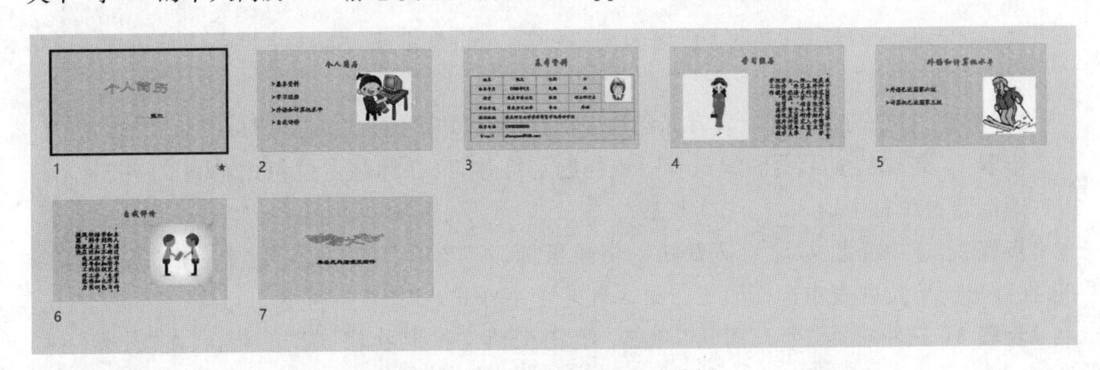

图 5-1　静态演示文稿设计样例

【操作提示】

(1) 新建一个演示文稿,要求应用-种主题或设置一种背景。

步骤 1:启动 PowerPoint 2016 后,系统一般会自动新建一个空白演示文稿,名为“演示文稿 1”。

步骤 2:按设计样例要求需要设置一种背景,单击“设计”选项卡,在“背景”组中,单击“设置背景格式”按钮,打开“设置背景格式”对话框,在左边栏中选择“填充”选项(默认选项),在右边“填充”栏中选择“图片或纹理填充”单选按钮,再选择“艺术效果”→“标记”,如图 5-2 所示。

步骤 3:单击“应用到全部(L)”按钮,即可实现全部幻灯片设置为“标记”背景,如图 5-3 所示。

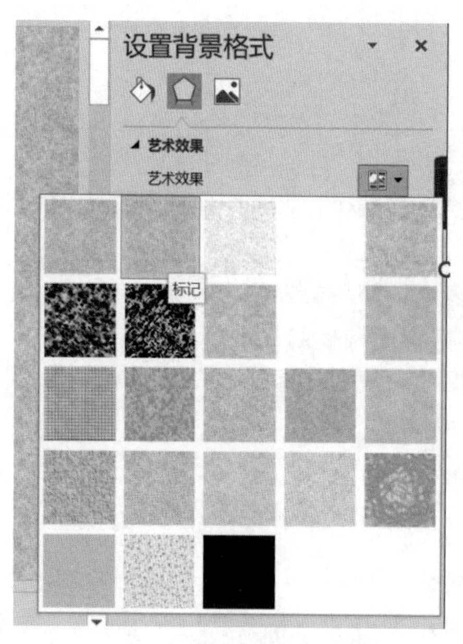

图 5-2 背景填充为“纹理”→“标记”

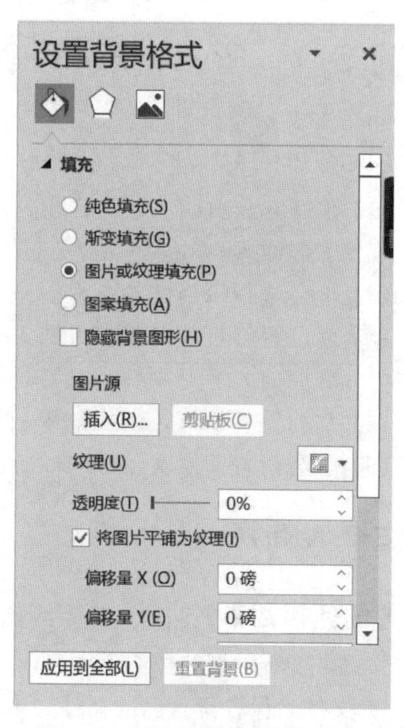

图 5-3 “设置背景格式”对话框

(2) 首末两张幻灯片的“标题”均为同一种样式的艺术字,“副标题”字体均为隶书、36 磅、加粗、深蓝色。

【分析】 首末两张幻灯片只有标题和副标题,所以均需插入“标题幻灯片”版式的幻灯片。

步骤 1:新建的演示文稿默认有一张标题幻灯片,请在标题占位符中输入文字“个人简历”,副标题占位符中输入“——李某某”。

步骤 2:选中标题文字“个人简历”,切换至“插入”选项卡的“文本”组中单击“艺术字”按钮,在弹出的下拉列表中选择第 1 行第 3 列艺术字样式,如图 5-4 所示。

步骤 3:选中标题“个人简历”单击“绘图工具——形状格式”选项卡,在“艺术字样式”组中单击“文本效果”按钮,在弹出的下拉列表中选择“转换”→“V 形 倒”选项,如图 5-5 所示。

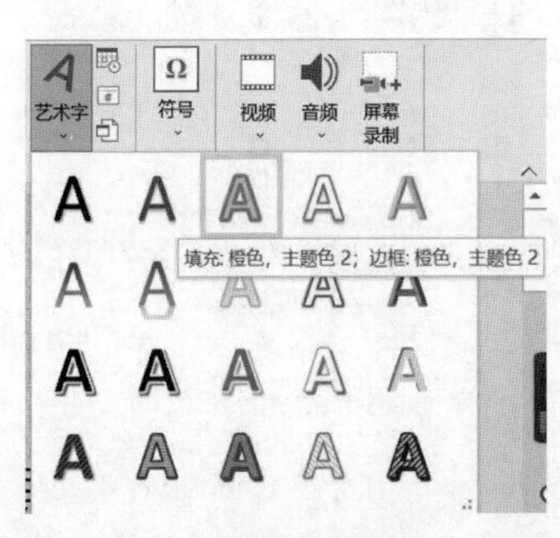

图 5-4 选择艺术字样式

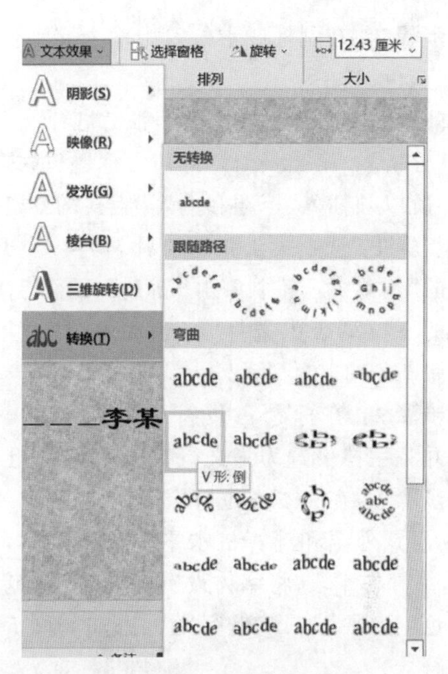

图 5-5 “文本效果”下拉列表

步骤 4：选中艺术字，适当调整大小和位置。

步骤 5：切换至“开始”选项卡的“幻灯片”组中单击“新建幻灯片”按钮，在弹出的下拉列表中选择“标题幻灯片”选项，即可新插入一张幻灯片，如图 5-6 所示。

步骤 6：按照前述方法将标题文字“谢谢大家”设置为同样的艺术字形式，只是在“文本效果”下拉列表中选择“转换”→“拱形：下弯”选项，如图 5-7 所示，再适当调整艺术字大小和位置。

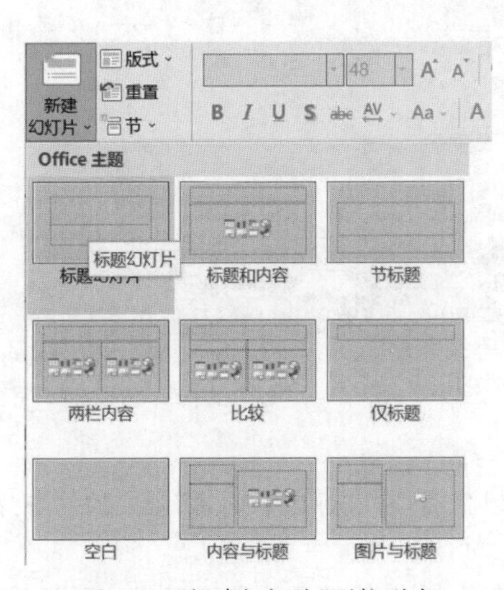

图 5-6 “新建幻灯片”下拉列表

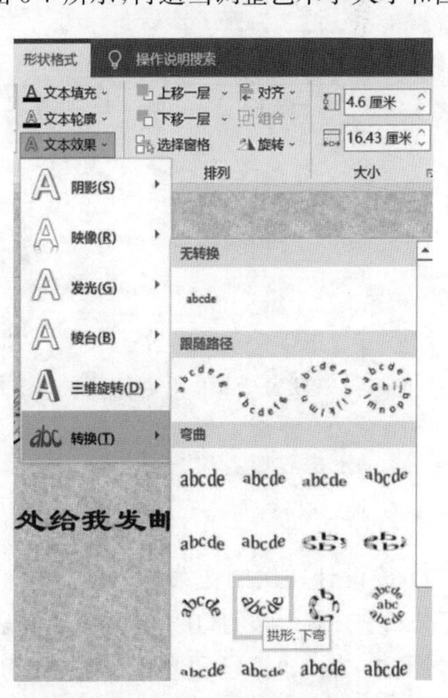

图 5-7 “文本效果”按钮下拉列表

步骤 7：在副标题占位符中输入文字："单击此处给我发邮件"并设置为隶书、36 磅、加粗、深蓝色。

(3) 按设计样例制作第 2 张幻灯片。

【分析】 第 2 张幻灯片包含标题、横排文本和图片，所以须插入"标题和内容"版式的幻灯片。

步骤 1：选中第 1 张幻灯片，切换至"开始"选项卡的"幻灯片"组中单击"新建幻灯片"按钮，在弹出的下拉列表中选择"标题和内容"选项，则插入一张新幻灯片。

步骤 2：在标题占位符中输入文字"个人简历"，并将字体设置为华文行楷、48 磅、加粗、红色。

步骤 3：在文本占位符中输入文字"基本资料、学习经历、外语和计算机水平、自我评价"，并分为 4 行，每行为 1 段，将字体设置为楷体、32 磅、加粗，深蓝色，行距为"1.5 倍行距"，添加如图 5-8 所示项目符号。

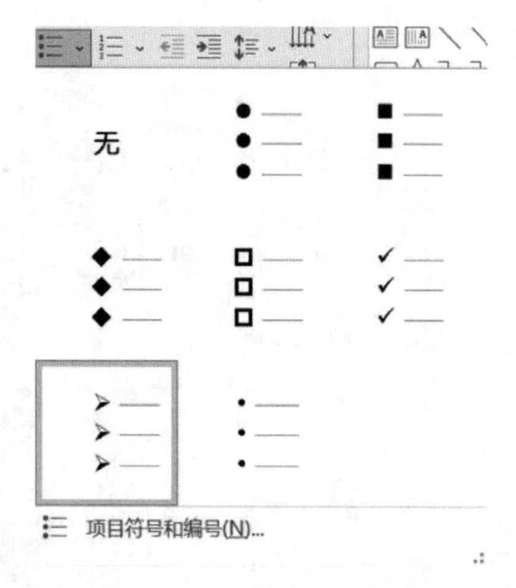

图 5-8　添加项目符号

步骤 4：适当调整文本占位符大小和位置，切换至"插入"选项卡的"图片"组中，然后选择"来自此设备"→"备用图片"文件夹中的"图片 1"，如图 5-9 所示，调整图片大小，放置右侧。

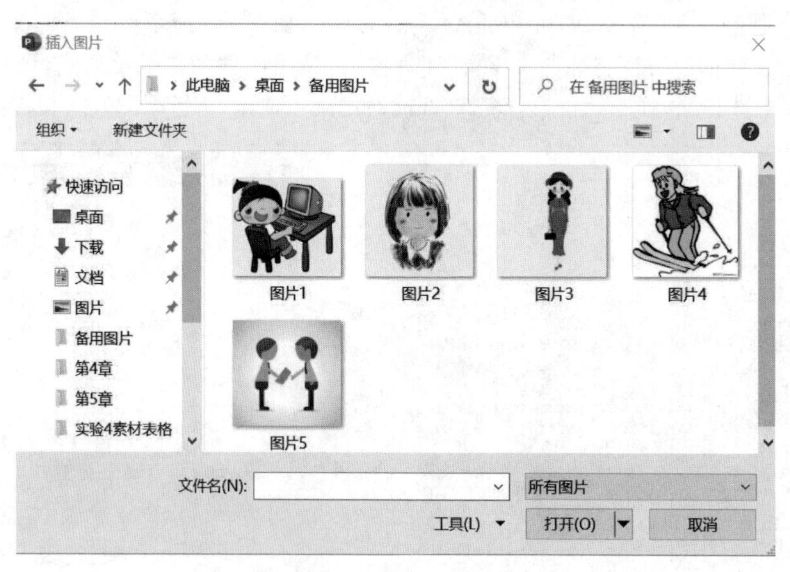

图 5-9　插入图片

(4) 按设计样例制作第 3 张幻灯片。

【分析】 第 3 张幻灯片包含标题和表格，所以仍需插入"标题和内容"版式的幻灯片。

步骤 1：插入"标题和内容"版式的幻灯片。

步骤 2：在标题占位符中输入文字"基本资料"，并将其设置为华文行楷、48 磅、加粗、红色。

步骤 3：在文本占位符中单击“插入表格”按钮，如图 5-10 所示，弹出“插入表格”对话框，将“列数”调整为 5，“行数”调整为 7，单击“确定”按钮，如图 5-11 所示。

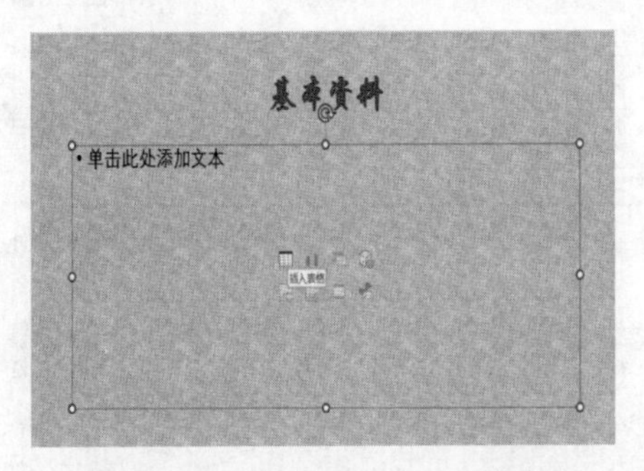

图 5-10 单击“插入表格”按钮

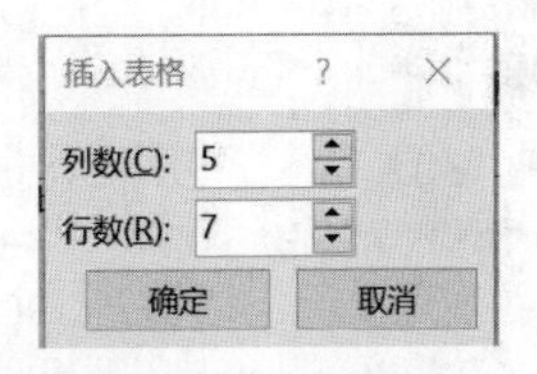

图 5-11 设置表格

步骤 4：选中 E1：E3 单元格区域，切换至“表格工具——布局”选项卡的“合并”组中，单击“合并单元格”按钮。并在合并后的单元格中插入“备用图片文件夹”中“图片 2”。再分别合并 D4：E4、B5：E5、B6：E6、B7：E7 单元格区域为 1 个单元格。按设计样例在表格各单元格中输入相应文字并设置字体、字号、颜色。

(5) 按设计样例制作第 4 张幻灯片。

【分析】 第 4 张幻灯片包含标题、竖排文本和图片，故需要插入“标题和竖排文字”版式的幻灯片。

步骤 1：插入“标题和竖排文字”版式的幻灯片。

步骤 2：在标题占位符中输入文字：“学习经历”，并设置为华文行楷、48 磅、加粗、红色；在文本占位符中按设计样例复制相应的文字，并将字体设置为楷体、28 磅、深蓝色。

步骤 3：选中文本占位符，调整适当大小并放于幻灯片右边位置，在左边插入相应的图片。

(6) 按设计样例、按前述方法分别制作第 5 张、第 6 张幻灯片。

(7) 以“个人简历——静态演示文稿. pptx”为文件名保存于自己的文件夹中。

实验 5.2 PowerPoint 2016 演示文稿的美化、动画设置

【实验目的】

(1) 熟练地进行文本的输入与编辑，掌握设置幻灯片背景的设置方法。

(2) 学会选择恰当的幻灯片版式，学会应用主题和模板。

(3) 掌握设置幻灯片切换效果、自定义动画和应用超链接的方法。

(4) 掌握插入音乐等常见多媒体信息的方法。

(5) 结合实际设计制作各种专业性的演示文稿。

景区介绍

【任务描述】

打开“景区宣传素材. pptx”文件，然后按如下要求设置后保存于文件夹中。设计样例如

图 5-12 所示。

图 5-12　动态演示文稿设计样例

(1) 演示文稿包含 5 张幻灯片,标题为 1 张,概况 3 张,图片插入 5 张以上,要修改图片的版式,幻灯片必须选择一种设计主题,字体和色彩搭配合理,美观。

以下设置均需放映幻灯片,观察效果。

(2) 全部幻灯片的切换效果设置为:“覆盖”“自底部”,无声音、持续时间 1 秒、单击鼠标时。

(3) 所有幻灯片中的对象均要设置动画,动画的类型、效果任选,对象出现的先后顺序为:若为内容和图片幻灯片,则先文字内容后图片。

(4) 设置超链接达到的效果为:单击第 2 张幻灯片中的文字则跳至相应“标题”的幻灯片,单击该张幻灯片中的“返回”按钮又返回第 2 张幻灯片。

(5) 设置观众自行浏览,循环式放映方式。

【操作提示】

(1) 设置幻灯片切换效果。

步骤 1:选中文档中第 1 张幻灯片。

步骤 2:在“切换”选项卡的“切换到此幻灯片”组中选择“覆盖”选项,在“效果选项”下拉列表中选择“自底部”,在“计时”组中选择默认选择,即“chimes. wav”、持续时间 1 秒、换片方式:单击鼠标时。

步骤 3:单击“应用到全部”按钮,如图 5-13 所示。

(2) 设置动画。

步骤 1:选中第 1 张幻灯片中的标题,在“动画”选项卡的“动画”组中选择“飞入”选项,在“效果选项”下拉列表中选择“自左下部”,其他为默认选择,如图 5-14 所示。

步骤 2:按照上述方法,设置第 2 张幻灯片,选中文字,设置以上动画效果,然后依次选中图片,在“动画”选项卡的“动画”组中选择“缩放”选项,在“效果选项”下拉列表中选择“对象中心”,其他为默认选择,如图 5-15 所示。

【说明】 从 5-15 可知,图片的动画类型为“缩放”,效果选项为“对象中心”,出现的先后顺序编号为“2”,其他默认选择为:开始为“单击鼠标时”,持续时间为“0.5 秒”等。仿照此

图 5-13 设置“切换”效果

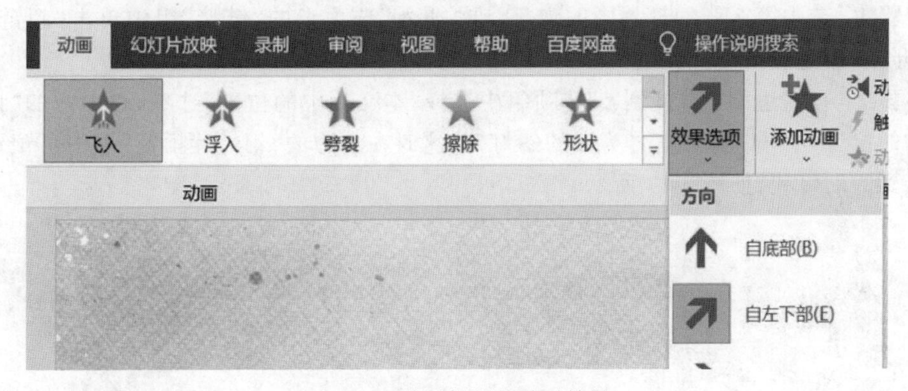

图 5-14 设置标题的动画效果

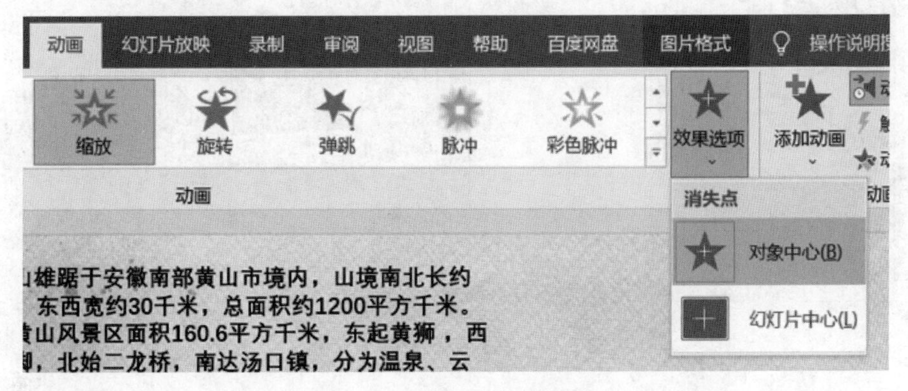

图 5-15 设置图片的动画效果

方法设置其他各幻灯片中的各个对象的动画,注意按要求设置各动画出现的顺序。图 5-16 所示为第 2 张幻灯片中各个对象出现的编号顺序,若要改变编号顺序可在“动画窗格”中的“对动画重新排序”栏中选择单击“向前移动”或单击“向后移动”,可对选中的对象出现次序进行重排。

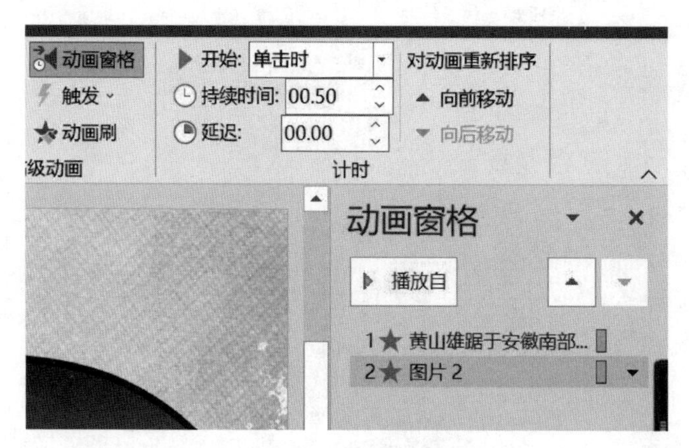

图 5-16 设置动画先后顺序

(3) 设置超链接。

步骤 1:选中第 2 张幻灯片中的文字,在“插入”选项卡的“链接”组中单击“超链接”按钮,打开“编辑超链接”对话框。

步骤 2:在左边的“链接到:”选项组中选择“本文档中的位置”选项,在中间的“请选择文档中的位置:”框中选择编号为 3 的幻灯片,这时在右边的“幻灯片预览”框中可预览到要超链接到的幻灯片,如图 5-17 所示。

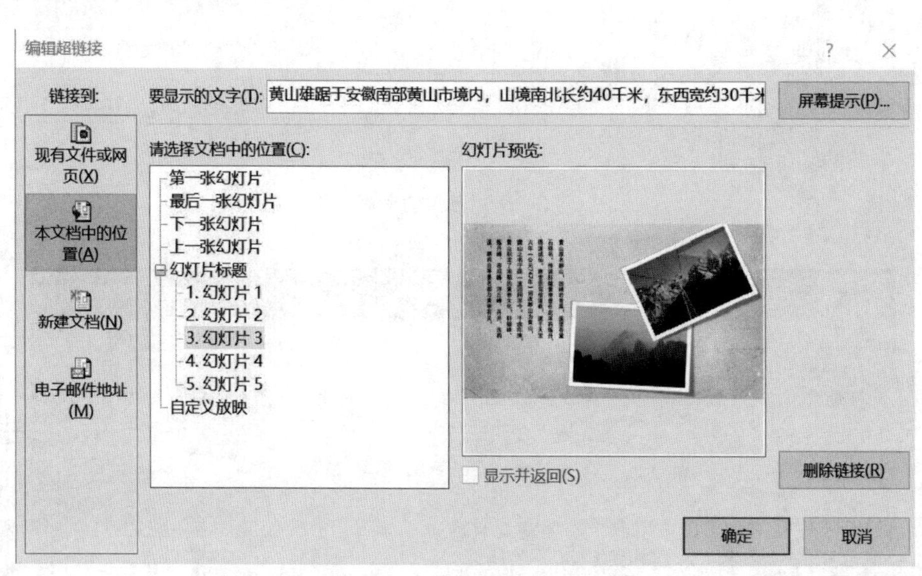

图 5-17 “编辑超链接”对话框

步骤 3:单击“确定”按钮,此时“黄山……”文字变成带下画线的文本,放映幻灯片体验超链接效果。

步骤 4：在第 3 张幻灯片的右侧底部插入适当大小的"矩形圆角"形状，在其上添加"返回"二字，选中形状，在"插入"选项卡的"链接"组中单击"超链接"按钮，打开"插入超链接"对话框，在中间的"请选择文档中的位置"框中选择编号为 2 的幻灯片，如图 5-18 所示。然后按"确定"按钮，放映幻灯片体验效果。

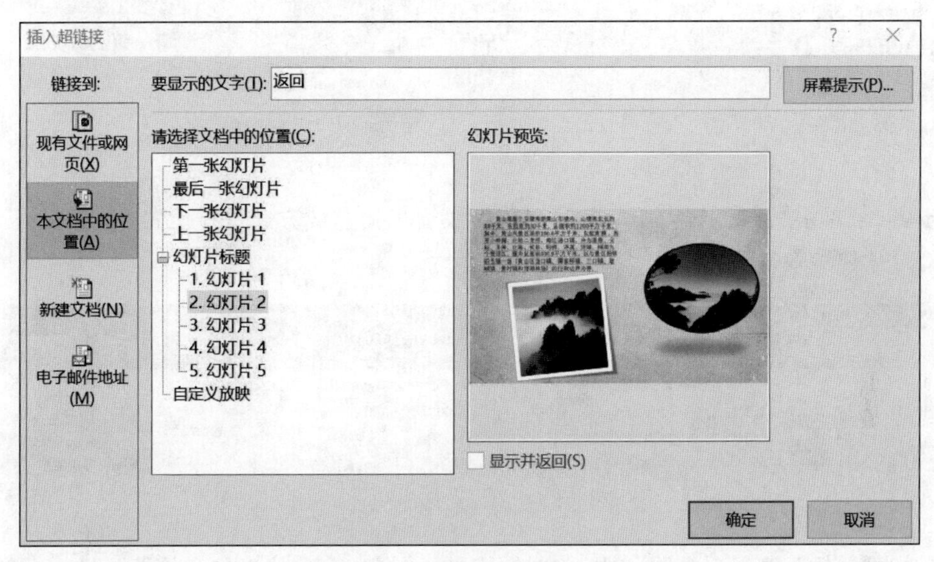

图 5-18　返回编号为 2 的幻灯片

步骤 5：仿照此方法为其他段落文字设置超链接。

(4) 插入音频对象。

步骤 1：单击"插入"选项卡，打开"音频"选项组中的 PC 上的音频，找到事先联网下载好的背景音乐，如图 5-19 所示。

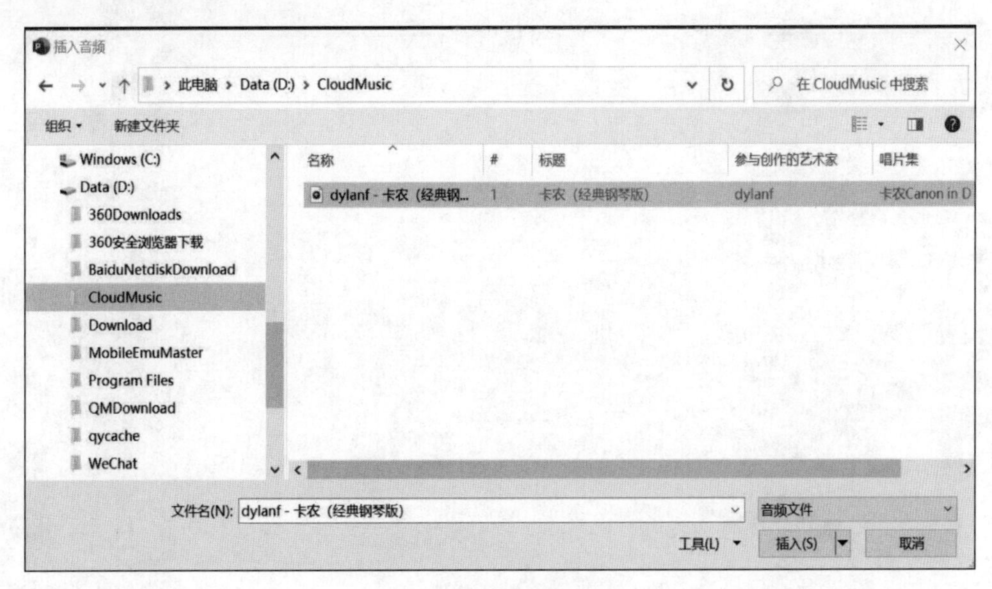

图 5-19　插入音频对象

步骤 2：单击“插入”按钮后，此时会在幻灯片页面中出现一个音频按钮，如图 5-20 所示，适当调整该按键的大小和位置。

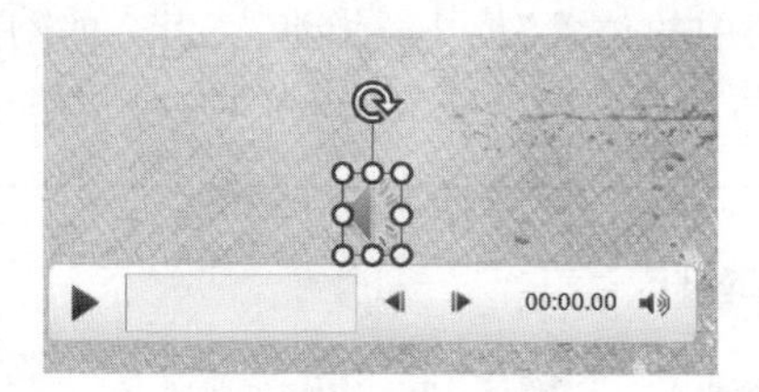

图 5-20 音频按钮

步骤 3：单击“音频工具”中“播放”可对背景音乐的播放方式进行设置，如图 5-21 所示，放映幻灯片体验效果。

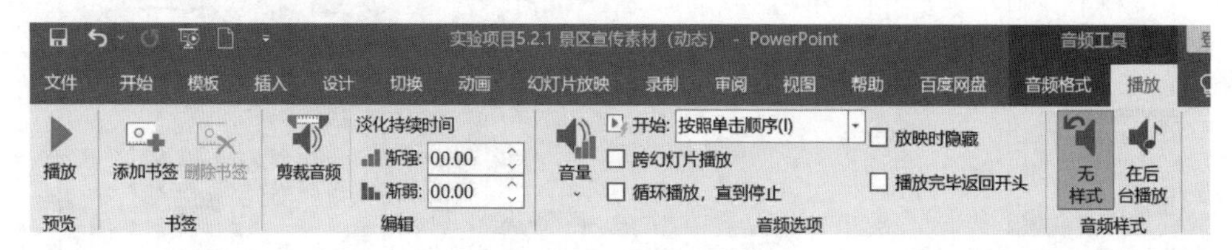

图 5-21 音频“播放”设置

【说明】 插入音频对象可增强观赏性、多样性、提高大家的兴趣和热情。插入音频文件比较常用的格式为 MP3、wav、wma 等。

步骤 4：保存文档。

全部操作完成后以“景区宣传素材.pptx”为文件名保存于自己的文件夹中。

应用实践5

制作年终总结汇报

【实践目的】

(1) 熟悉幻灯片的制作方法。

(2) 掌握自定义动画的合理设置。

(3) 幻灯片的切换功能应用。

(4) 背景音乐的添加。

(5) 此实践项目是演示文稿的综合应用,在动画设置上需要反复推敲,切勿杂乱无章。

【任务描述】

通过前面所学,以年终总结汇报为例,制作出精美的一个汇报材料。

【任务实践】

要求:根据所学知识,创建6～8张幻灯片的演示文稿。

(1) 幻灯片以"班级+姓名+学号.pptx"为文件名保存到D盘文件夹中。

(2) 每张幻灯片的背景需自行网络下载合适图片,整体的主题颜色需统一并且设置效果。

(3) 整体字体设置为:宋体、加粗、深蓝色。

(4) 主标题、副标题分别需设置动画效果。

(5) 在其中需插入音频或视频达到其多重变化的效果。

【学习提示】

因同学们的审美以及想法不一,做出效果因人而异,故需在制作过程中需反复斟酌整体的细节,例如颜色的搭配,字体的大小,以及整体的格式等,可在正规网站下载素材、模板。

(1) 无忧PPT:中国最早的PPT素材网站之一,资源较多,分类较广。

(2) 第1PPT:综合PPT素材发布网站,部分精品模板需要收费。

实验6 计算机网络安全

计算机体检

【任务描述】

计算机安全监测是计算机使用与维护过程中非常重要的日常性操作。利用360安全卫士对计算机进行体检,监测计算机是否存在漏洞、木马、垃圾文件等不安全因素,并修复检测出的系统问题,从而提高性能。

【操作提示】

步骤1:启动360安全卫士,软件界面自动提示用户的计算机已经多久没有体检,如图6-1所示。

图6-1　360安全卫士软件界面

步骤2:单击"立即体检"按钮,开始计算机的体检。体检完成后显示本次体检得分及需要修复的问题、没有问题的事项等信息,如图6-2所示。

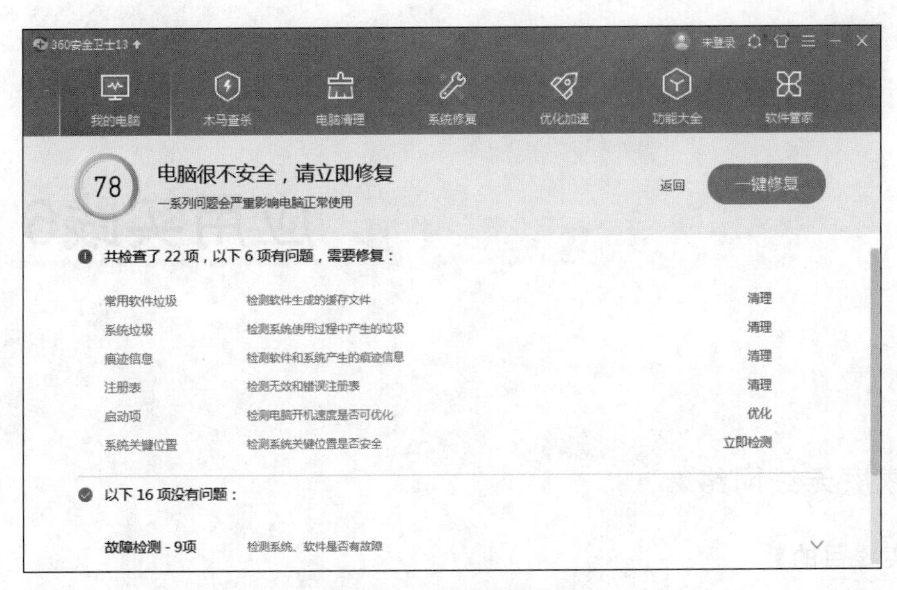

图 6-2 计算机体检结果

步骤 3：单击"一键修复"按钮，360 安全卫士开始自动修复系统问题，完成后显示修复结果，如图 6-3 所示。

图 6-3 计算机体检结果

步骤 4：单击"查看"，可手动修复其他项目。如果有问题，可点击"重新体检"，反复对计算机进行体检。

【说明】 360 安全卫士体检中进行的是综合检测，如果想就"查杀木马""电脑清理""系统修复""优化加速"等模块进行专项检测，选择对应模块，一键即可快速处理。但需要提醒平时大家还应使用杀毒软件对计算机进行病毒查杀，尤其网络下载的文件或移动存储文件需要进行先扫描后打开。

应用实践6

架设家庭无线网络

【实践目的】

(1) 熟悉网络连接方法。

(2) 熟悉局域无线网设置方法。

【任务描述】

通过安装无线路由器,架设局域无线网络,并对无线网络的各种参数进行设置,以便掌握局域无线网络架设方法。

【任务实践】

目前家庭上网基本上采用光纤宽带连接,光纤线路入户,网络信号经光调制解调器(俗称“猫”)后,通过双绞线(通称“网线”)与计算机相连接。不过这是有线上网方式,将无线路由器与光猫相连接后,设置好相应的网络参数,可使用家用无线网络。

(1) 用网线将无线路由器与光猫连接,如图6-4所示。注意光猫的LAN口与无线路由器的WAN口连接。

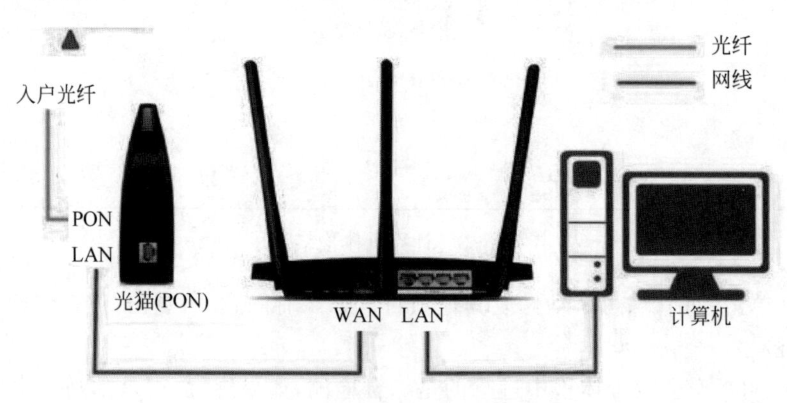

图6-4 光猫与路由器连接示意

(2) 使用手机搜索Wi-Fi信号,找到对应的路由器Wi-Fi信号,信号初始名称与路由器品牌相关,为开放无密码网络,如图6-5所示为路由器的信号名称,单击连接。连接成功后,只是连接局域网,并不能访问外部网络。

图 6-5 Wi-Fi 信号

【说明】 新设备无线网络信号账号默认品牌名称,密码为空。如有更改过名称或密码,输入密码连接;如不记得,可在路由器后面单击 RESET 键重置,还原默认值。

(3) 手机打开浏览器,在地址栏中输入路由器的管理页面地址"tplogin. cn",路由器管理页面地址在每个设备底部,如图 6-6 所示。弹出创建管理员密码页面,如图 6-7 所示。

图 6-6 路由器设置地址

(4) 在创建管理员密码界面输入密码,单击"确定"按钮,进入上网方式设置界面,如图 6-8 所示。家庭网络一般选择"宽带拨号上网"。

【说明】 弹出上网方式选择界面时,路由器默认选项为系统自动检测识别的网络连接方式,可直接单击下一步。

(5) 弹出界面输入宽带连接账号和密码,单击"下一步",如图 6-9 所示。

(6) 弹出无线设置界面进行 Wi-Fi 信号无线名称及无线密码设置。设置完成后单击"确定"按钮,如图 6-10 所示。

(7) 弹出路由器设置已完成界面,如图 6-11 所示。

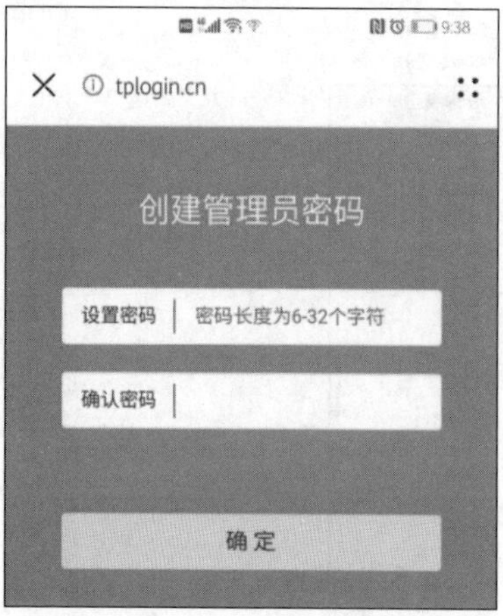

tplogin.cn
创建管理员密码
设置密码
密码长度为6-32个字符
确认密码
确 定

图 6-7　创建管理员密码

tplogin.cn
上网设置
宽带拨号上网
固定IP地址
自动获得IP地址
下一步

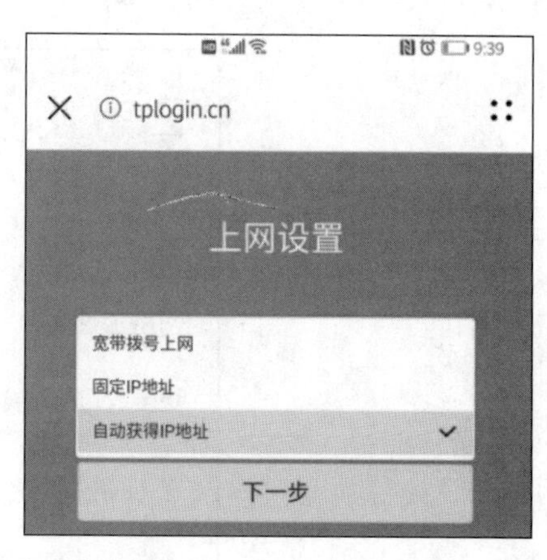

图 6-8　上网方式设置

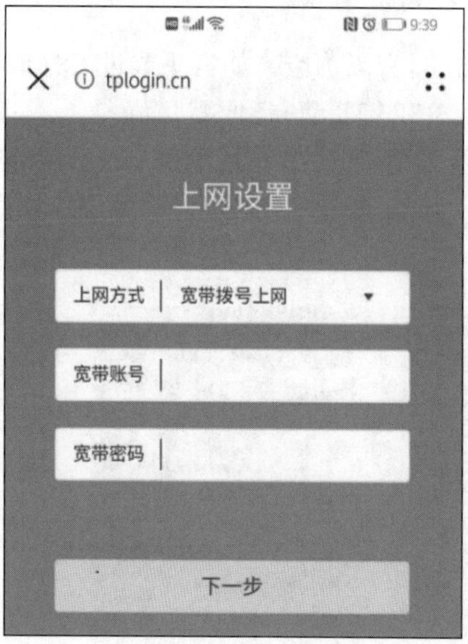

tplogin.cn
上网设置
上网方式
宽带拨号上网
宽带账号
宽带密码
下一步

图 6-9　输入宽带账号和密码

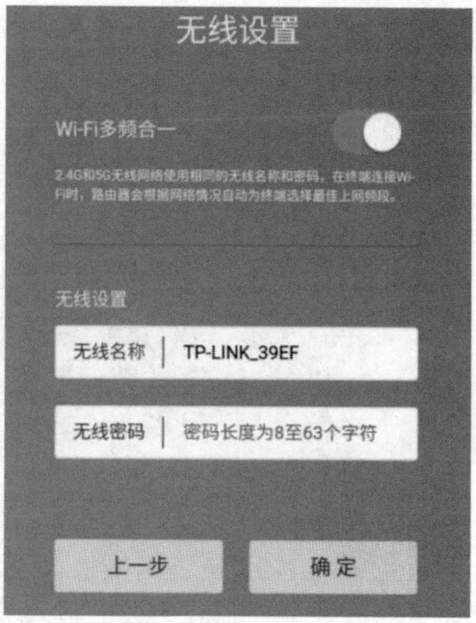

无线设置
Wi-Fi多频合一
无线设置
无线名称
TP-LINK_39EF
无线密码
密码长度为8至63个字符
上一步
确 定

图 6-10　无线设置

tplogin.cn
路由器设置已完成
下载手机客户端APP，获取更多TP-LINK云功能
进入路由器管理页面
立即下载APP

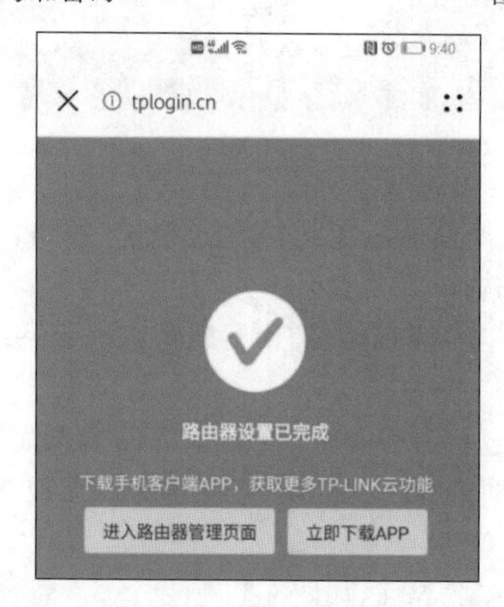

图 6-11　设置完成界面

【说明】 单击“进入路由器管理页面”，弹出如图 6-12 所示，可对当前网络状态、当前连接网络设备或无线网络其他安全参数进行设置。

图 6-12 路由器管理界面

(8) 无线设置完成后，手机网络连接提示失败。手机需要从新搜索网络，选择刚设置的无线网络，输入设置的密码重新连接。此时网络方可正常访问外部网络。

【操作提示】

(1) 如果使用计算机进行无线路由器设置，操作方式大致相同。

(2) 无线上网安全认证是非常重要的，密码为空会让附近的陌生人找到网络上网，从而影响上网速度，甚至产生网络安全隐患。本实训采用的是密码认证的方式，只有输入正确密码的用户才能上网。

实验7 多媒体技术

实验 7.1　图像和动画的编辑与处理

【实验目的】

(1) 掌握图像的编辑与合成技术。

(2) 理解 Flash 动画制作的原理和过程。

(3) 掌握动画的制作方法。

实验项目 7.1.1　图像的编辑与合成

【任务描述】

2015 年 7 月 31 日晚,国际奥委会第 128 次全会在吉隆坡举行,投票选出 2022 年冬奥会举办城市,经过 85 位国际奥委会委员的投票,国际奥委会主席巴赫正式宣布北京张家口获得 2022 年冬奥会举办权。为了迎接 2022 年冬季奥运会的到来,请同学们以此为主题,并利用"实验项目 7.1.1"文件夹中的素材,制作一张明信片,送给我国即将参加冬奥会的中国运动健儿们。最终将"明信片.jpg"图片文件保存到"实验指导素材库\实验 7\实验 7.1"下的"实验项目 7.1.1"文件夹中,具体设计样例如图 7-1 所示,也可以打开"实验项目 7.1.1"文件夹下的"明信片.jpg"文件查看。

图 7-1　明信片效果图

【分析】 根据明信片的常规尺寸,新建一个尺寸为 148 毫米×100 毫米的图像文件,然后使用选区工具选择出素材图片,并调整素材图片的大小和边缘,再添加到明信片图像文件中。

【操作提示】

(1) 新建明信片图像文件。

步骤 1:选择"文件"→"新建"命令,弹出"新建"对话框。

步骤 2：按图 7-2 所示设置对话框中的属性值，设置名称为“明信片”；预设选择“自定”宽度为 148 毫米，高度为 100 毫米；分辨率为 72 像素/英寸；颜色模式为 RGB 颜色，8 位；背景内容为白色。然后单击“确定”按钮完成图像文件的新建，如图 7-3 所示。

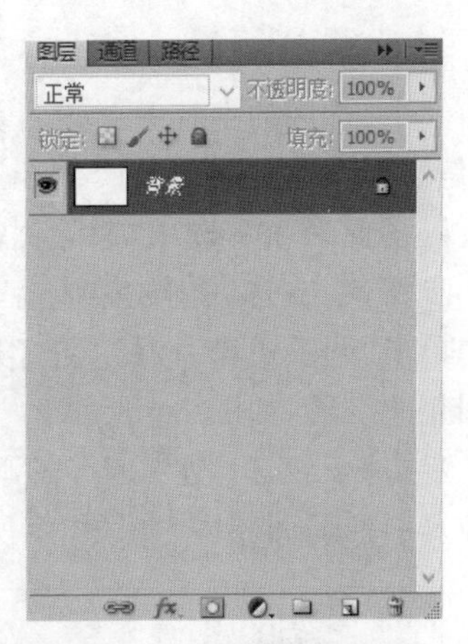

图 7-2 “新建”对话框

图 7-3 图像新建完成

(2) 提取并合成背景图像。

步骤 1：选择“文件”→“打开”命令，弹出“打开”对话框。在“查找范围”下拉列表框中单击选中“实验项目 7.1.1”文件夹，同时选中并打开“背景素材”图片文件，如图 7-4 所示。

图 7-4 打开素材文件

步骤 2：利用选区工具从该背景素材中提取所需图像。

由于此处的图像是不规则的，但前景色与背景色分明，因此在工具箱中选择魔棒工具、快速选择工具和多边形套索工具均可完成图像的提取。使用 3 种工具提取图像的效果完全一样，其方法大同小异，在此仅对利用魔棒工具提取图像的方法做简单介绍。

步骤 3：在工具箱中选择魔棒工具，并在上方的属性栏中调整魔棒工具的属性值，如图 7-5 所示。

图 7-5 魔棒工具对应的属性栏

其中，选区的选择方式设置为第 2 项，即“在已有的选区基础上，添加新的选区”；“容差”是依据颜色的相似度产生选区范围，其值的范围为 0～255，值越大产生的选区越大，此处可以设置为 80；选中“消除锯齿”和“连续”两个复选框，以确保提取出的图像光滑、完整。

步骤 4：在选区创建完成后，为了使图像能够与另一图像更好地融合，在魔棒工具属性栏中单击“调整边缘”按钮，在打开的“调整边缘”对话框中对选区中图像的边缘进行平滑度和羽化的设置，如图 7-6 所示。

步骤 5：在选区上右击，在弹出的快捷菜单中选择 “通过拷贝的图层”命令，将选区中的图像复制到新图层中，如图 7-7 所示。

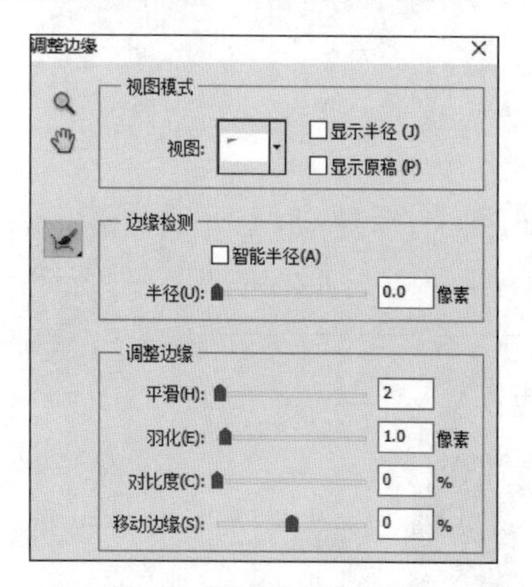

图 7-6 “调整边缘”对话框

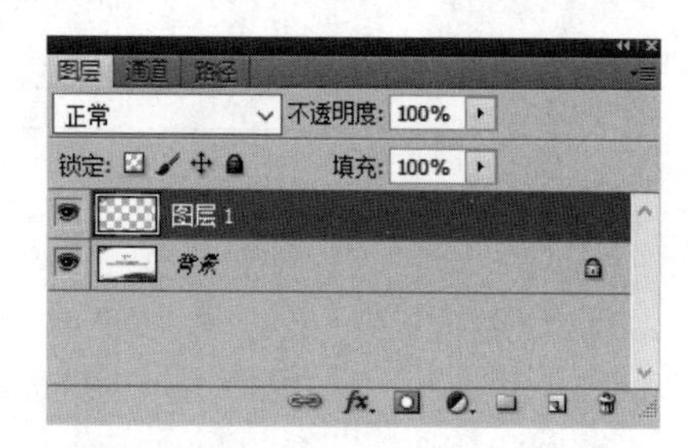

图 7-7 将选区图像复制到新图层中

步骤 6：以同样的方法提取另一部分图像，如图 7-8 所示。

步骤 7：分别将两部分图像移动到“明信片”图像中，并参照样例完成图像的调整。合成明信片背景，如图 7-9 所示。

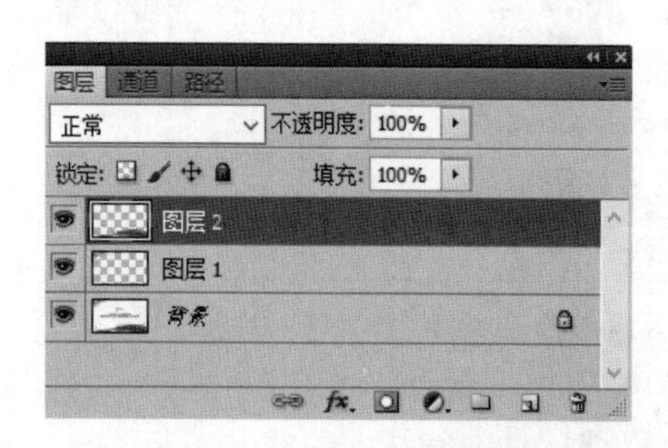

图 7-8 将另一部分图像提取到新图层中

图 7-9 合成明信片背景

(3) 导入并调整邮票图片的大小。

步骤 1：选择“文件”→“打开”命令，弹出“打开”对话框，找到“实验项目 7.1.1”文件夹，从中选择名为“邮票”的图片文件并将其打开。

步骤 2：由于邮票在整个明信片中所占的比例略小，因此需要调整“邮票”图片的大小。选择“图像”→“图像大小”命令，弹出“图像大小”对话框，如图 7-10 所示。

图像大小
像素大小:19.1K
宽度(W): 70 像素
高度(H): 93 像素
确定
取消
自动(A)...
文档大小:
宽度(D): 1.85 厘米
高度(G): 2.46 厘米
分辨率(R): 96 像素/英寸
☑缩放样式(Y)
☑约束比例(C)
☑重定图像像素(I):
两次立方较锐利（适用于缩小）

图 7-10 “图像大小”对话框

其中，“像素大小”是指区域按像素显示图像大小，“文档大小”是指区域以打印尺寸显示图像大小，两个区域是等效的，因此调整像素大小即可。为了较好地保留原图的比例应勾选“约束比例”复选框，调整宽度为 70 像素，高度会自动改变，在最下方的下拉列表中选择“两次立方较锐利(适用于缩小)”选项。

步骤 3：将调整后的邮票图片移动到“明信片”图像文件中，如图 7-11 所示。

图 7-11 邮票图片移到明信片中的效果

(4) 置入“条形码”“运动员”和“邮政编码”等图片素材。

步骤 1：选择“文件”→“置入”命令，弹出相应对话框，从“实验项目 7.1.1”文件夹中依次选择“运动员”“条形码”“邮政编码”3 张图片置入“明信片”文件中。

步骤 2：因为图像是置入到文件中的，所以可以直接对图片进行大小调整，同时按住 Shift 键可等比例调整图像。适当调整图层的顺序，图像合成效果如图 7-12 所示，图层显示效果如图 7-13 所示。

图 7-12 图像合成效果图

图 7-13 图层显示效果

(5) 在空白处添加文字。

步骤 1：在工具箱中单击“文字工具 T”按钮，然后单击明信片空白处，输入文字“祝中国运动健儿：在 2022 年的冬季奥运会中取得优异成绩!”。

步骤 2：选中该段文字，如图 7-14 所示，在上方的文字属性栏中对其属性进行设置，将字体大小设置为 14 点，如图 7-15 所示。

图 7-14 选中文字

步骤 3：为文字添加一些个性化的设置，在上方文字属性栏中单击“文字变形”按钮，打开“变形文字”对话框，在“样式”下拉列表框中选择“增加”选项并选中“水平”单选按钮，将“弯曲”值设置为 +20%，“水平扭曲”值设置为 −40%，如图 7-16 所示，单击“确定”按钮，设置后的效果如图 7-17 所示。

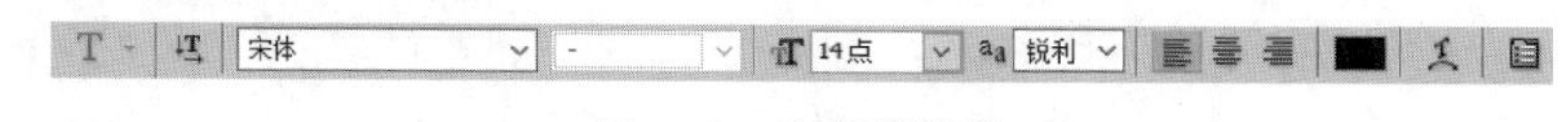

图 7-15 文字属性栏

祝中国运动健儿:
在2022年的冬季奥运会中
取得优异成绩!

图 7-16 文字形状设置

图 7-17 最终效果图

(6) 保存为图片。

步骤1：选择"文件"→"存储为"命令，弹出"存储为"对话框，保存位置选择"实验项目7.1.1"文件夹。文件名为"明信片"，如图7-18所示，并根据需要选择文件格式，常用的图片文件格式有JPEG、GIF、PNG等；如果想后续再进行修改，可将其保存为PS自带的PSD格式，此处存储为JPEG格式的图片。

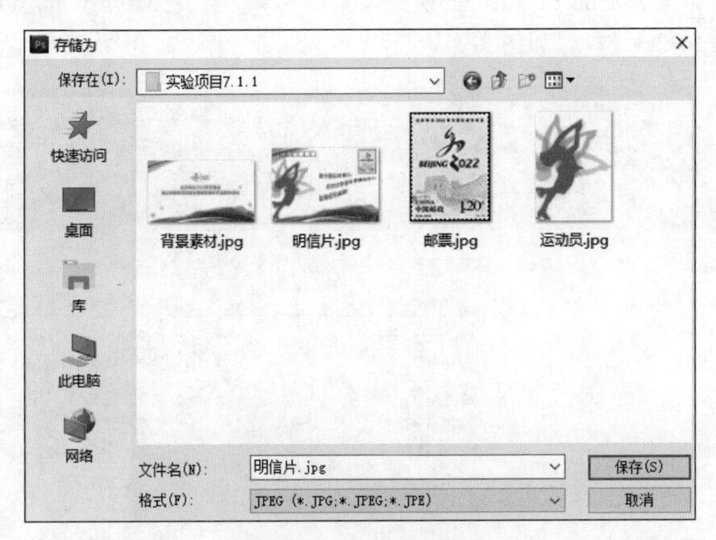

图7-18　"存储为"对话框

步骤2：单击"保存"按钮，弹出"JPEG选项"对话框，如图7-19所示，选择默认值后单击"确定"按钮，至此图片保存成功。

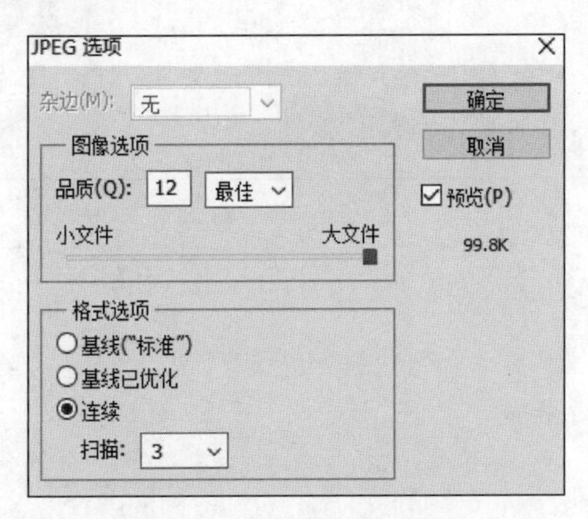

图7-19　"JPEG选项"对话框

最终效果可以打开"实验项目7.1.1"文件夹中的"明信片.jpg"文件查看。

实验项目7.1.2　二维动画的制作

【任务描述】

八月一日是中国人民解放军建军纪念日，现以此为题材，利用Flash制作一个动态的宣传条幅。最终以"八一宣传条幅.swf"为文件名将动画文件保存到"实验指导素材库\实验7

\实验 7.1”下的“实验项目 7.1.2”文件夹中,具体设计样例可以打开“实验项目 7.1.2”文件夹中的相应文件查看。

【操作提示】

(1) 创建动画文件。

步骤 1:双击桌面上的 Flash CS5 快捷方式图标,打开 Flash CS5 窗口,选择“新建”下的 ActionScript 3.0 选项,如图 7-20 所示。

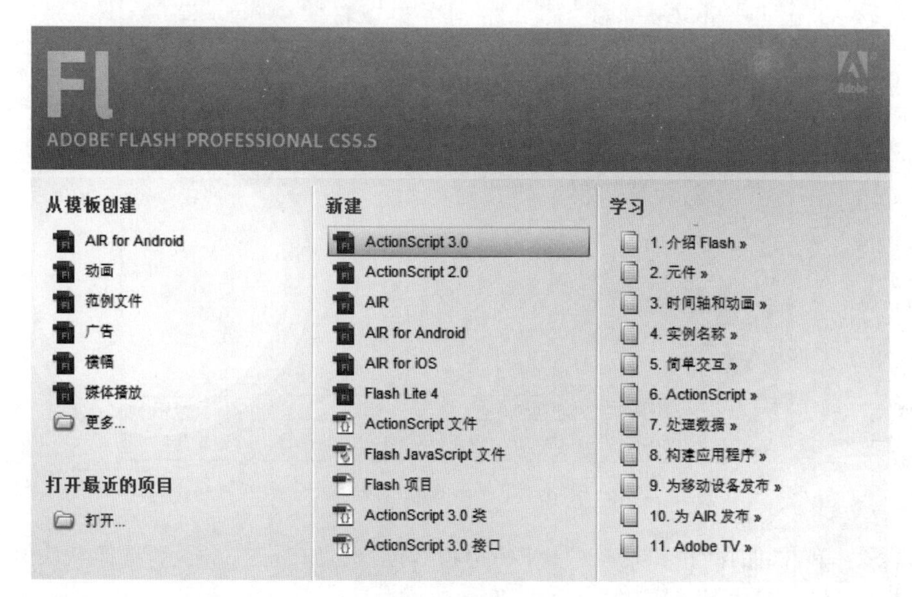

图 7-20 新建项目

步骤 2:选择“文件”→“新建”命令,弹出“新建文档”对话框,设置宽为 876 像素、高为 360 像素,如图 7-21 所示,然后单击“确定”按钮。

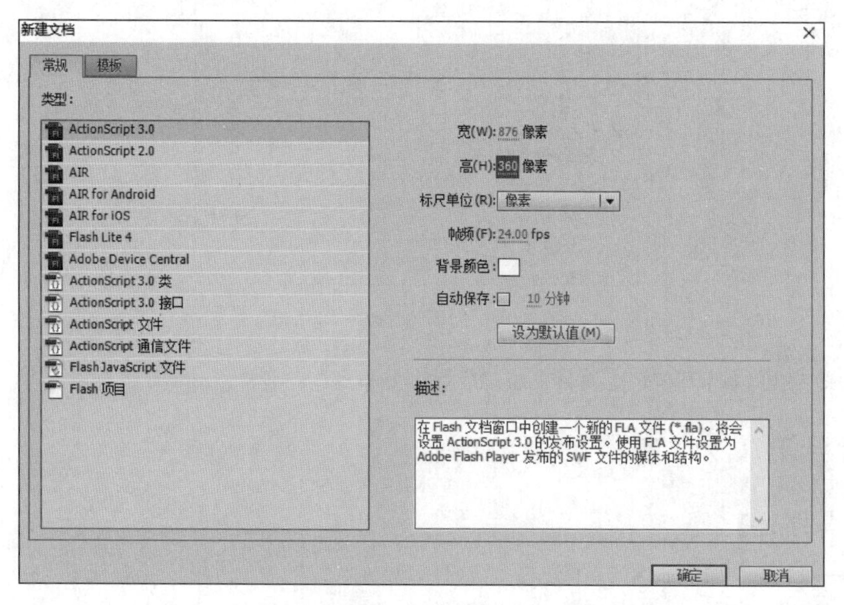

图 7-21 新建文档

(2) 导入素材到库。

步骤 1：选择"文件"→"导入"命令，在弹出的快捷菜单中选择需要的命令，如图 7-22 所示。其中，"导入到舞台"是指直接导入到场景中；"导入到库"是指将素材存放到库中，当需要时可以从库中调用。

步骤 2：如步骤 1，在此选择 "导入到库"命令，将图片素材导入到库中待用，图 7-23 所示为导入图片素材到库中之后。

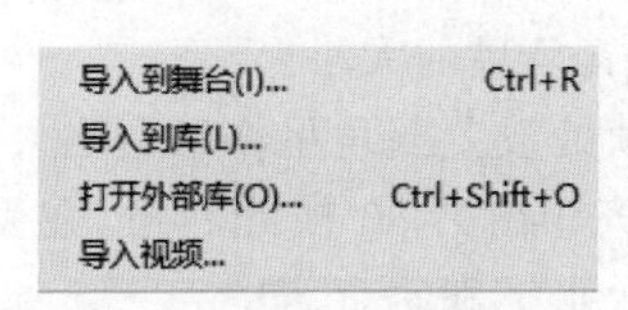

图 7-22 将素材导入到库

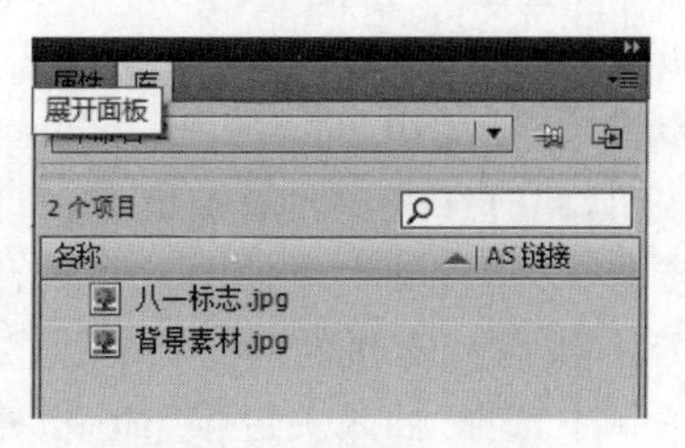

图 7-23 库面板中的素材

(3) 设置背景。

步骤 1：选中图层 1，然后双击图层名称"图层 1"，将图层重命名为"背景"。

步骤 2：在背景图层中单击选中第 1 帧，然后在库中选择文件名为"背景素材.jpg"的图像，直接将其从库中拖至舞台，此时第 1 帧上的小黑圈由空心变为实心，如图 7-24 所示。

步骤 3：调整背景图片在舞台中的位置，单击右侧"对齐方式"的设置图标，弹出对齐面板，如图 7-25 所示；勾选"与舞台对齐"复选框，让图片相对于舞台垂直和居中对齐，效果如图 7-26 所示。

图 7-24 在背景图层插入背景素材

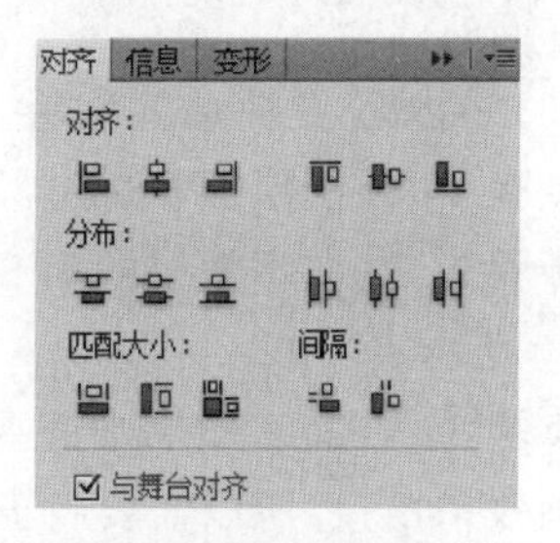

图 7-25 对齐方式的设置

图 7-26 背景图片相对舞台垂直居中对齐

步骤 4：为延续背景图像的存在，在背景图层的第 60 帧处右击，弹出快捷菜单，选择“插入帧”命令，则时间轴从第 1 帧到第 60 帧相应变为蓝色，如图 7-27 所示。

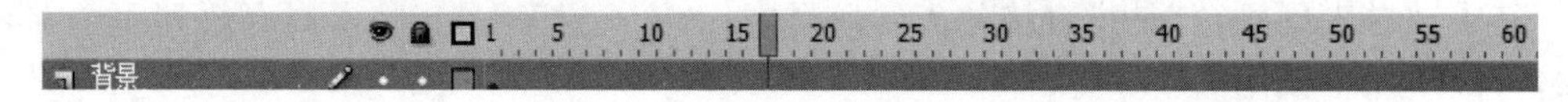

图 7-27　对背景图层的插入帧设置

(4) 设置五角星下降至舞台中心。

步骤 1：在图层面板的最下方单击“新建图层”按钮，新建图层，并将其重命名为“五角星”。

步骤 2：从库中将“八一标志.png”图片拖到舞台，然后单击工具栏中的“任意变形工具”按钮，此时红五星四周被框选，单击选框的顶点可调整五角星的大小。

步骤 3：调整帧对应的图片在舞台中的位置。在第 1 帧处设置五角星在舞台之外，通过对齐工具将红五星的对齐方式设置为垂直舞台居中对齐；在第 30 帧处右击，在弹出的快捷菜单中选择“插入关键帧”命令，并设置红五星相对舞台水平和垂直居中。

步骤 4：在时间轴上从第 1 帧到第 30 帧的任意处右击，在弹出的快捷菜单中选择“创建传统补间”命令，如图 7-28 所示，该命令执行后的图层如图 7-29 所示。

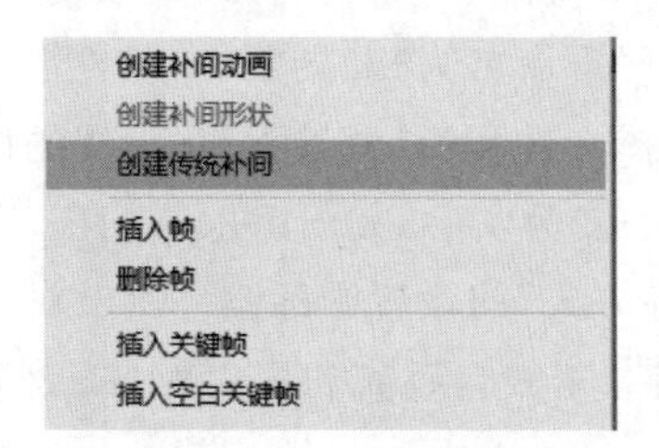

图 7-28　创建传统补间

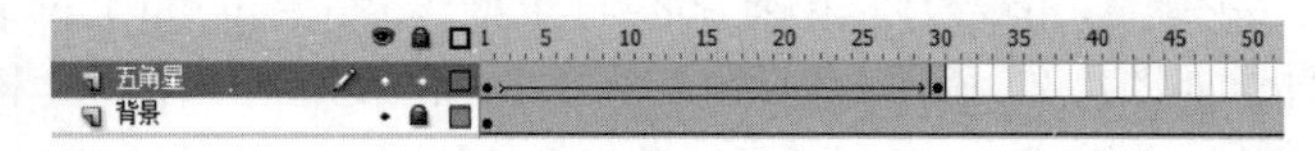

图 7-29　在第 1 帧到第 30 帧之间创建动画

(5) 在原位置粘贴五角星。

步骤 1：在图层面板中继续新建图层，操作同上，并将其命名为“文字”。

步骤 2：在文字图层的第 31 帧处右击，在弹出的快捷菜单中选择“插入关键帧”命令，如图 7-30 所示。

步骤 3：在文字图层中需要制作的动画效果为五角星变成文字。因为要与五角星图层的动画效果衔接，所以需要将五角星图层第 30 帧的内容原位置粘贴到文字图层的第 31 帧。在五角星图层中选中第 30 帧，按 Ctrl+C 组合键复制该帧的内容。

步骤 4：再次切换到文字图层，选中第 31 帧，在菜单栏中选择“编辑”→“粘贴到当前位置”命令，如图 7-31 所示，将红五星粘贴到文字图层的第 31 帧处，此时五角星图层第 30 帧与文字图层第 31 帧的内容以及所处位置是一致的。

图 7-30　插入关键帧

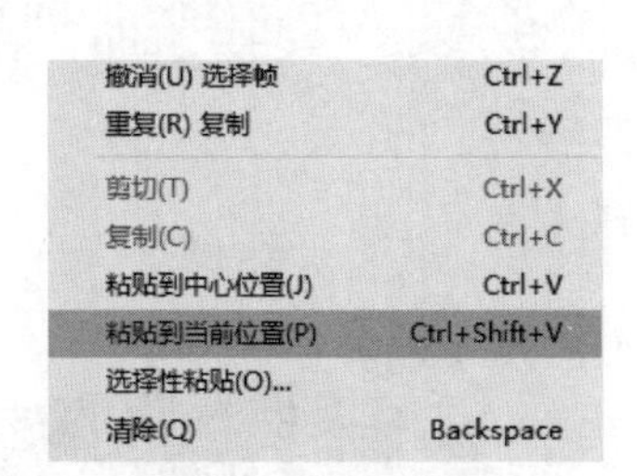

图 7-31　粘贴到当前位置

(6) 五角星元件到散件的转变。

步骤 1：接下来制作由五角星变成文字的补间形状动画效果。首先将五角星由元件变成散件，在文字图层的第 31 帧处右击，在弹出的快捷菜单中选择“修改”→“分离”→“分离”命令，舞台中红五星的变化如图 7-32～图 7-34 所示。

图 7-32 元件

图 7-33 分离第一次

图 7-34 散件

步骤 2：利用工具箱中的“橡皮擦”工具将多余黑点擦除，只留下红五星形状，如图 7-35 所示。

(7) 添加文字。

步骤 1：在文字图层的第 60 帧处右击，在弹出的快捷菜单中选择“插入空白关键帧”命令。

步骤 2：单击工具箱中的“文字工具 T ”按钮，在舞台中的任意处单击，书写文字“爱我中华，扬我国威”。

步骤 3：选中文字，在属性面板中设置文字的字体为华文琥珀、大小为 60 点、颜色为黑色，如图 7-36 所示，效果如图 7-37 所示。

图 7-35 擦除后呈五星形状

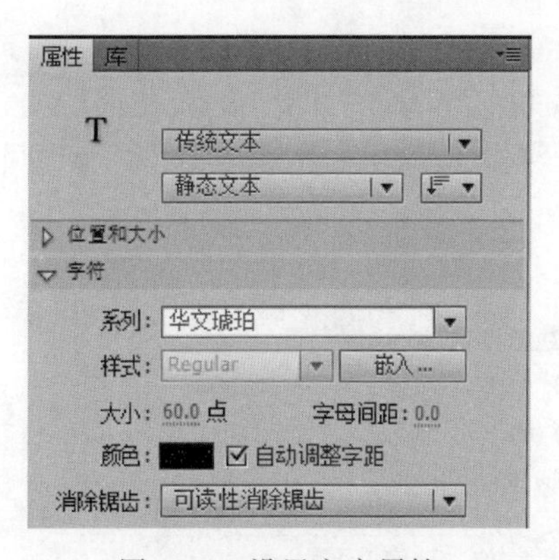

图 7-36 设置文字属性

步骤 4：选中文字并右击，在弹出的快捷菜单中选择“修改”→“分离”→“分离”→“分离”命令，将文字由元件转变为散件，打散后文字上填满黑点，如图 7-38 所示。

爱我中华，扬我国威

图 7-37 文字元件

爱我中华，扬我国威

图 7-38 文字散件

(8) 形状补间动画的创建和导出。

步骤1:在文字图层的第31帧到第60帧之间的任意处右击,在弹出的快捷菜单中选择"创建补间形状"命令,如图7-39所示,创建动画后时间轴的显示效果如图7-40所示。

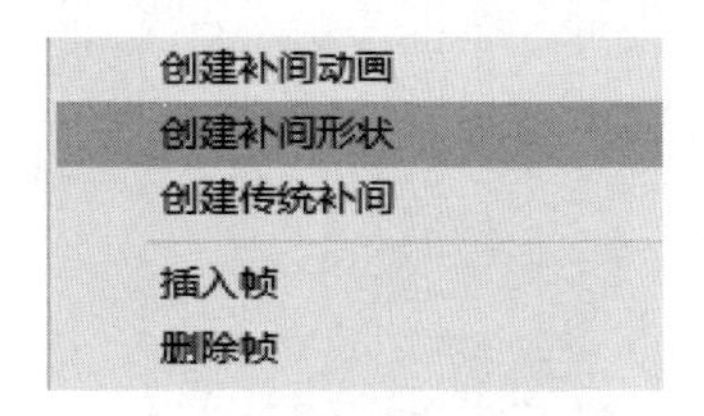

图7-39 创建补间形状

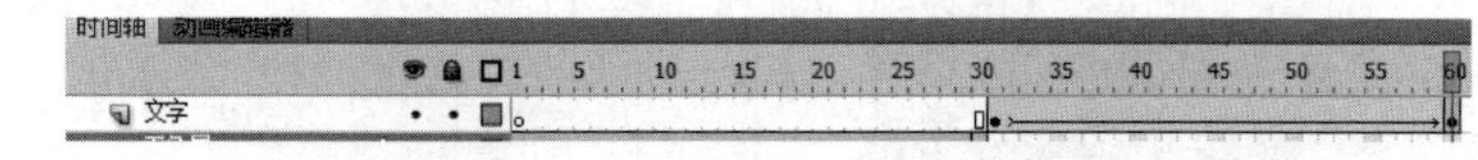

图7-40 创建动画后的时间轴效果

步骤2:选择"文件"→"导出"→"导出影片"命令,弹出"导出影片"对话框,如图7-41所示。按要求设置文件名称和格式,并设置保存位置为"实验指导素材库\实验7\实验7.1\实验项目7.1.2",然后单击"保存"按钮,完成动画的导出。

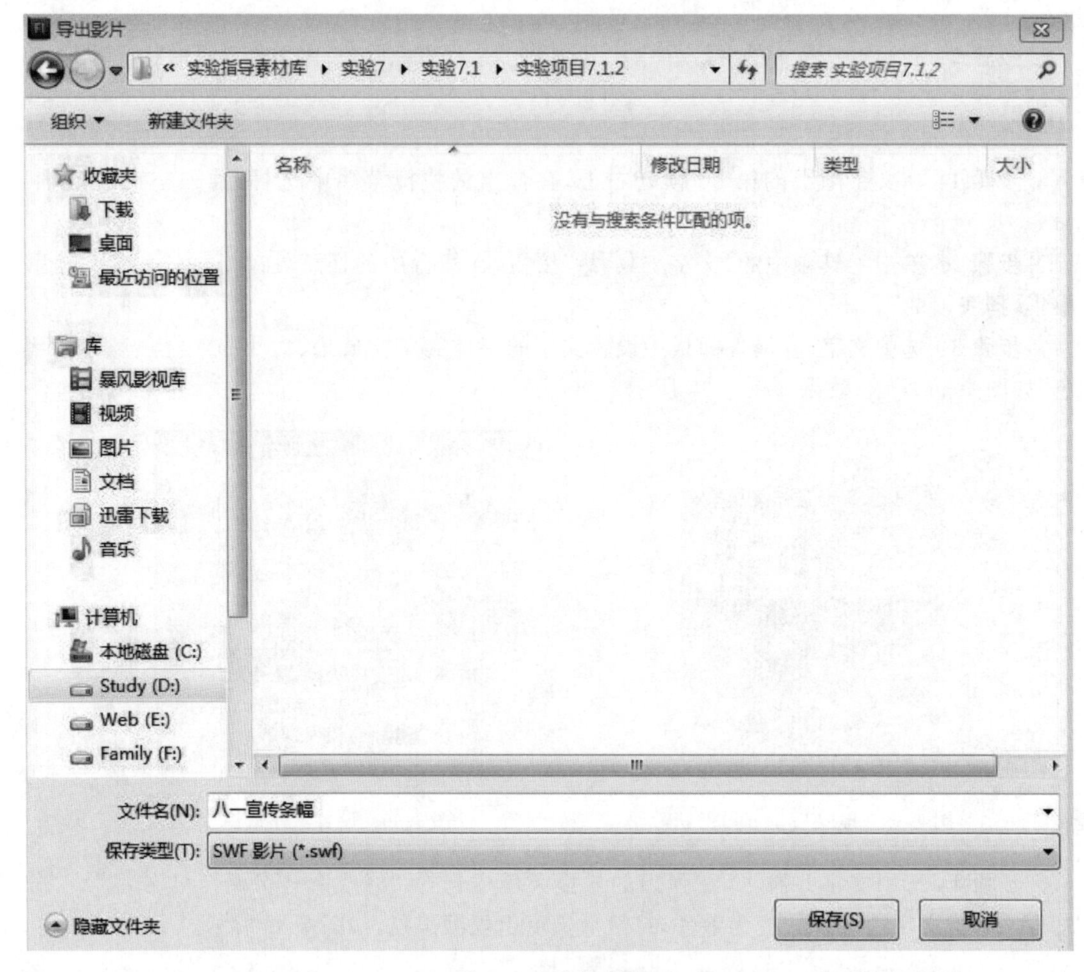

图7-41 导出动画

最终效果可以打开"实验项目7.1.2"文件夹中的"八一宣传条幅.swf"文件查看。

实验 7.2　音频和视频的编辑与合成

【实验目的】

(1) 掌握音频的编辑与合成技术。

(2) 掌握视频的剪切技术。

(3) 掌握视频文件的导出方法。

实验项目 7.2.1　音频的编辑与合成

【任务描述】

使用 Adobe Audition 软件从已有音频中截取一段,作为“作者简介. wav”音频文件的背景音乐,最终将背景音乐和语音混合输出为“配音作者简介. mp3”,并保存到“实验指导素材库\实验 7\实验 7. 2”下的“实验项目 7. 2. 1”文件夹中,具体可以打开“配音作者简介. mp3”文件试听体验。

【操作提示】

(1) 打开音频文件。

步骤 1:运行 Adobe Audition 软件,其默认处于波形编辑器状态 [波形] 。选择 “文件”→“导入”→“文件”命令,在打开的窗口中选择名为“配音. wav”的音频文件,如图 7-42 所示。

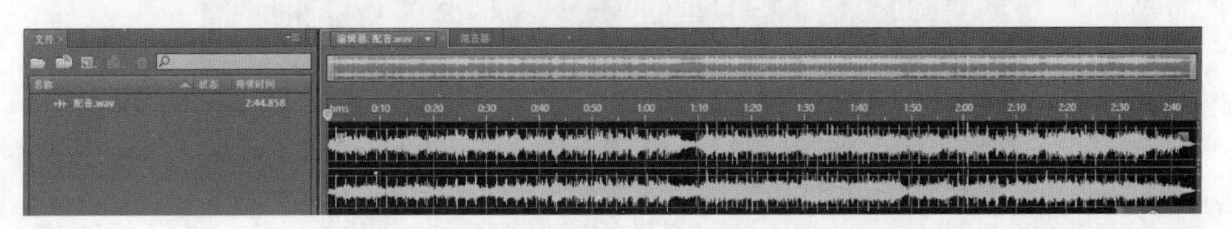

图 7-42　导入名为“配音. wav”的音频文件

步骤 2:在右下方的“选区/视图”窗口中设定音频的开始时间与结束时间,开始时间为 0 : 00 : 000、结束时间为 0 : 21 : 200,如图 7-43 所示。设定完成后单击“选区/视图”窗口中的空白处即可。

图 7-43　设置音频的起始时间和结束时间

步骤 3:在波形编辑器中确认该段音频处于被选中状态,然后在该段音频上右击,在弹出的快捷菜单中选择“复制为新文件”命令,则该段音频将以“未命名 2”为文件名存放到左侧的面板中,如图 7-44 所示。

(2) 在多轨混音编辑器中合成两段音频。

步骤 1:选择“文件”→“导入”→“文件”命令,在弹出的窗口中选择名为“作者简介. wav”的音频文件,如图 7-45 所示。

步骤 2:单击 [多轨混音] 按钮切换至多轨编辑器,在弹出的“新建多轨混音”对话框中更改“混音项目名称”为“配音作者简介”,“文件夹位置”选择“实验指导素材库\实验 7\实验 7. 2\实验项目 7.2.1”,其他值选择为默认值,如图 7-46 所示,然后单击“确定”按钮。

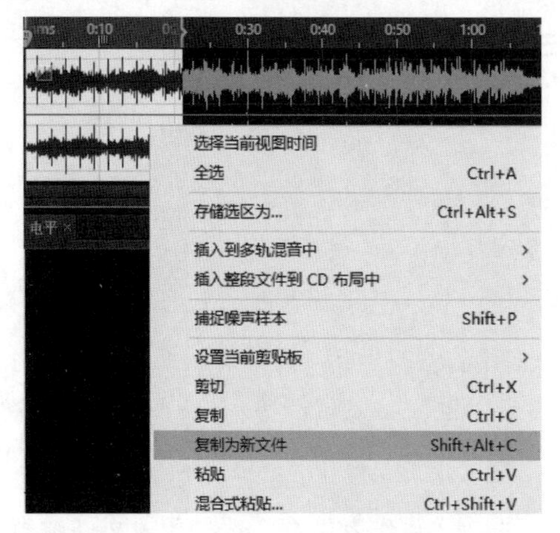

图 7-44 将节选音频复制为新文件

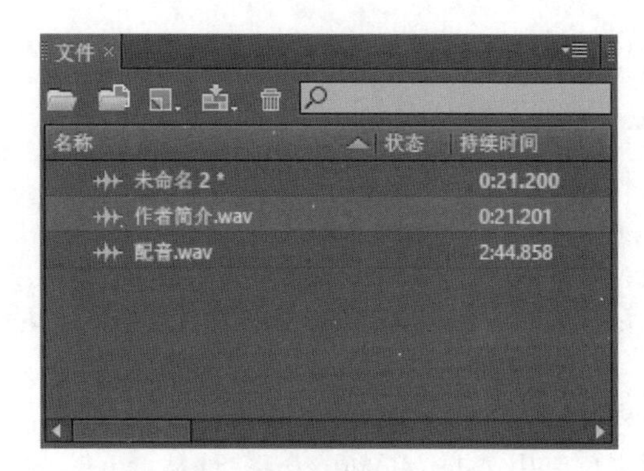

图 7-45 导入“作者简介.wav”音频文件

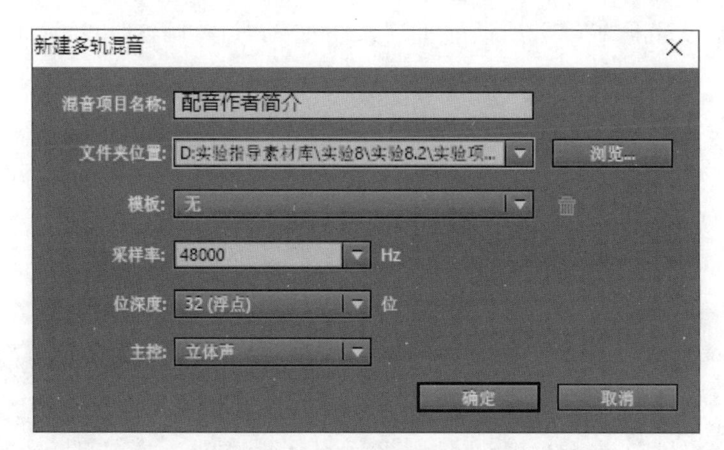

图 7-46 “新建多轨混音”对话框

步骤 3：分别将配音节选和作者简介两段音频拖至轨道 1 和轨道 2,如图 7-47 所示。

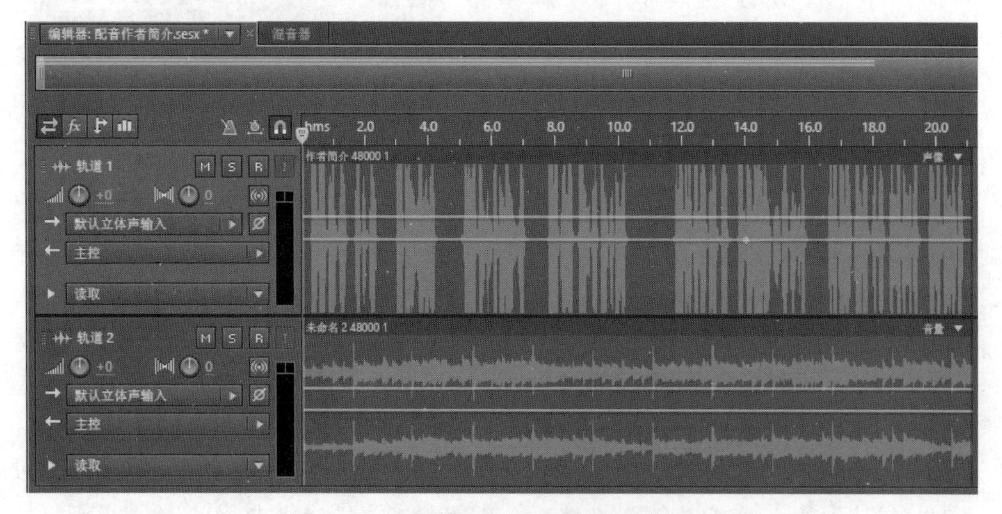

图 7-47 将两段音频拖至轨道 1 和轨道 2

步骤 4：在音频导入多轨道中之后，可以通过音量调节按钮 适当调节音频的音量大小。

(3) 将合成音频存储为 MP3 格式文件输出。

步骤 1：选择"文件"→"导出"→"多轨缩混"→"完整混音"命令。

步骤 2：在弹出的"导出多轨缩混"对话框中将文件名更改为"配音作者简介"，然后单击"浏览"按钮，设置文件保存位置为"实验指导素材库\实验 7\实验 7.1\实验项目 7.2.1"，并将音频格式修改为 MP3 音频，具体设置如图 7-48 所示。

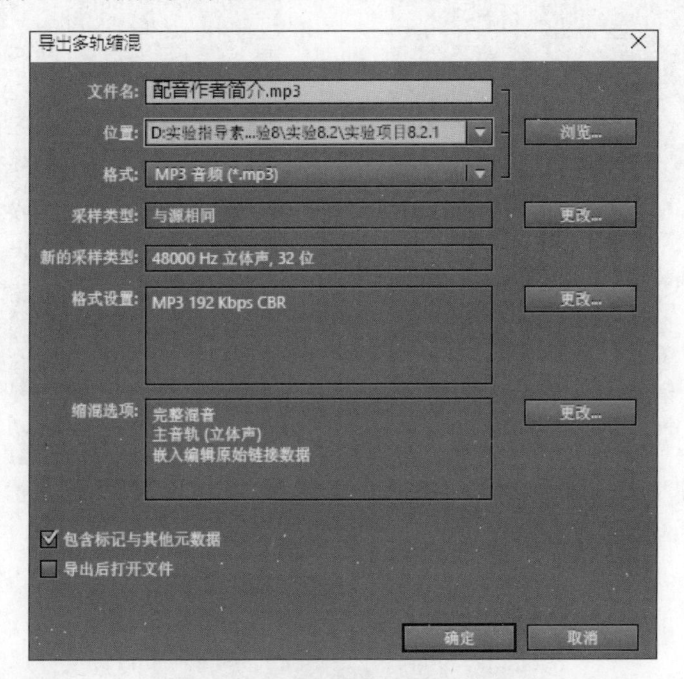

图 7-48 "导出多轨缩混"对话框

步骤 3：单击"确定"按钮，最终生成的"配音作者简介. mp3"音频文件，已存放到"实验项目 7.2.1"文件夹中。

最终效果可以打开"实验项目 7.2.1"文件夹中的音频文件"配音作者简介. mp3"进行试听体验。

实验项目 7.2.2 VUE 视频水印去除教程

【实验目的】

(1) 掌握视频内去水印的技术

(2) 掌握视频的剪切技术。

(3) 掌握视频文件的导出方法。

步骤 1：若是想关闭 VUE 里的水印设置，大家需要选择主页底端的按钮进入视频拍摄页面，并且点击右侧的选项唤起列表，单击其中的"设置"功能。

步骤 2：随后从设置页面的列表里找到"水印"功能，单击进入其中就可以控制关闭视频水印，给大家带来更好的观看体验。

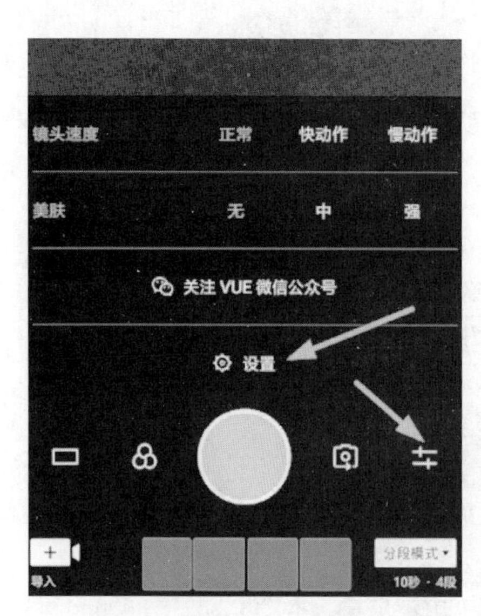

图 7-49 “VUE”对话框

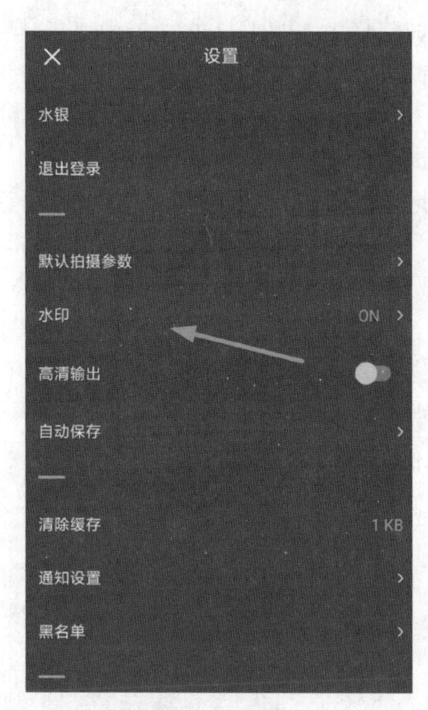

图 7-50 “水印”功能

步骤 3：从水印的页面下方找到“添加水印”选项，再点击右侧的按钮就可以关闭视频默认添加的水印了，如图 7-51 所示。

图 7-51 照片添加水印后的效果

应用实践7

宣传推广自己的品牌

【实践目的】

(1) 通过系统的学习，掌握 Photoshop 和 Snapseed 软件方面的图片处理，通过对有用素材的加工、处理，制作可表达自己想法的作品。

(2) 通过调查、比对，培养资料收集及数据整理和分析的能力。

【任务描述】

毕业后即将步入社会，你准备自主创业，创业前期需给你的品牌设计 Logo 和制作宣传海报，拍摄宣传视频。

【任务实践】

(1) 为你的创业品牌起名，并设计一个与品牌相符的 Logo；

(2) 为推广、宣传自己的品牌设计一张宣传海报；

(3) 为自己的品牌录制一个 25 秒左右的视频。

参 考 文 献

[1] 杨振山,龚沛曾.大学计算机基础[M].4版.北京：高等教育出版社,2004.

[2] 乔桂芳.计算机文化基础[M].北京：清华大学出版社,2005.

[3] 白煜.Dreamweaver 4.0 网页设计[M].北京：清华大学出版社,2001.

[4] 朱军,曹勤.PowerPoint 2016 幻灯片制作使用教程[M].北京：清华大学出版社,2017.

[5] 刘宏烽.计算机应用基础教程[M].北京：清华大学出版社,2018.

图书资源支持

感谢您一直以来对清华版图书的支持和爱护。为了配合本书的使用，本书提供配套的资源，有需求的读者请扫描下方的“书圈”微信公众号二维码，在图书专区下载，也可以拨打电话或发送电子邮件咨询。

如果您在使用本书的过程中遇到了什么问题，或者有相关图书出版计划，也请您发邮件告诉我们，以便我们更好地为您服务。

我们的联系方式：

地　　址：北京市海淀区双清路学研大厦 A 座 714

邮　　编：100084

电　　话：010-83470236　010-83470237

客服邮箱：2301891038@qq.com

QQ：2301891038（请写明您的单位和姓名）

资源下载：关注公众号“书圈”下载配套资源。

资源下载、样书申请

书圈

图书案例

清华计算机学堂

观看课程直播